高等学校信息安全专业通用教材

计 算 机 密 码 学

主　编　杨晓元　魏立线
副主编　张　薇　韩益亮
　　　　周宣武　张敏情
　　　　钟卫东　王绪安

西安交通大学出版社

内容提要

本书内容涉及计算机密码学中的基础理论和应用协议,包括密码学的基本概念、分组密码原理及算法、序列密码、公钥密码及算法、数字签名及认证、安全协议、公钥基础设施,还讲述了必备的数学知识,各章后面附有一定数量的习题。

本书可供高等院校信息安全、计算机、通信等专业使用,也可供信息安全领域的技术人员参考。

图书在版编目(CIP)数据

计算机密码学/杨晓元,魏立线主编. —西安:西安交通大学出版社,2007.3(2017.8重印)
ISBN 978-7-5605-2477-1

Ⅰ.计... Ⅱ.①杨...②魏... Ⅲ.计算机网络-密码术
Ⅳ.TP393.08

中国版本图书馆 CIP 数据核字(2007)第 079324 号

书　　名	计算机密码学	
主　　编	杨晓元　魏立线	
出版发行	西安交通大学出版社	
地　　址	西安市兴庆南路 10 号(邮编:710049)	
电　　话	(029)82668357　82667874(发行部)	
	(029)82668315　82669096(总编办)	
印　　刷	虎彩印艺股份有限公司	
字　　数	241 千字	
开　　本	727mm×960mm　1/16	
印　　张	13.25	
版　　次	2007 年 3 月第 1 版　2017 年 8 月第 4 次印刷	
书　　号	ISBN 978-7-5605-2477-1	
定　　价	27.00 元	

前　言

　　现代社会已经进入了信息时代,计算机与人们的生活密不可分,网络已渗透到社会的各个角落,人类使用的通信方式也发生了巨大变化,传统的事务处理越来越多地需要经过网络来完成,相应地需要大量的数据加密、数字签名和基于口令的认证等密码技术,各种密码协议也不断出现。为了能够提供安全的通信环境,计算机密码学被广泛地应用于军事、政治、外交、商业和其它领域。

　　本书全面地讲述了计算机密码学的基本内容、现代密码学的基础理论及一些重要的密码协议。全书共分 11 章,第 1 章简要讲述密码学的基本概念,为下面各章的学习奠定基础。第 2 章讲述了分组密码的基本概念,数据加密标准 DES,分组密码设计原理及分组密码操作方式。DES 是首次公开具体密码算法的密码体制,这一章的内容对理解分组密码有很关键的作用。第 3 章和第 6 章讲述了学习密码学必备的数学知识,主要内容有群、环、域、模运算、欧几里得算法、有限域上的多项式、素数及检测、费马定理、欧拉定理和中国剩余定理。这两章并未讲述过多的代数和数论知识,但内容对学习本教材是足够的。第 4 章讲述了高级加密标准 AES 和其它分组密码算法。第 5 章讲述了序列密码的基本概念和反馈移位寄存器与 m 序列。第 7 章和第 8 章讲述了公钥密码,主要内容有公钥密码原理、RSA、椭圆曲线密码和其它公钥密码体制。这两章是现代密码应用的基础。第 9 章讲述了消息认证码、散列函数及算法。第 10 章讲述了数字签名、签名方案和认证协议。第 11 章讲述安全协议与标准,主要内容有安全套接层 SSL、安全电子交易协议 SET、IPSec、公钥基础设施 PKI。本书力求严谨,繁简得当,与同类教材相比具有自己的特色。

　　西安武警工程学院于 1991 年起开设了密码学与信息安全方面的课程,本书是在我院自编教材和多年教学实践的基础上形成的。编写者杨晓元教授,魏立线副教授,张薇副教授,韩益亮副教授,张敏情教授,周宣武讲师都多次讲授过该课程。

　　本书在编写过程中得到了西安武警工程学院训练部和科研部领导的支持,得到了西安电子科技大学肖国镇、王育民两位先生和计算机学院马建峰院长的鼓励和帮助。

　　苏旸博士、李秀广、宋坤、郭璇、周鸿飞硕士验算了本书的习题;苏光伟、余卿斐、郭耀、梁中银、吴翔、黎茂棠硕士核对了部分文稿,在此一并致谢。

作　者

2007 年 1 月

目　录

第1章 密码学及传统加密技术

1.1 密码学的起源和发展

　　密码学的发展大体经历了三个阶段。早期密码的产生和应用是人类战争的产物,但直到 1949 年以前,密码的研究只能算作一种艺术。1949 年 C. E. Shannon 发表了题目为"Communication Theory of Secrecy System"的文章,标志着密码学成为一门科学。在这篇划时代的文献中,Shannon 用统计学理论对密码传输的各个要素进行了定量分析,并用信息论的观点,引入不确定性、剩余度和惟一解距离等概念,作为密码体制安全性的度量。1976 年 Diffie 和 Hellman 在他们的著名论文"New Drections in Cryptography"中创造性地提出了一种新的密码编码方法,这种方法与四千多年来的所有密码方法有着本质区别。除用于保密外,它还可以用于认证。这种方法我们现在称为公钥密码体制,它的安全性基于大整数因子分解这样一个数学难题。公钥密码的出现是密码学历史上的一次革命。

　　密码学理论上的发展为它的应用奠定了基础。随着计算机技术的发展和网络技术的普及,密码学在军事、商业和其它领域的应用越来越广泛。在保密通讯中,密码学一如既往地发挥着作用,而公钥密码的快速发展,使密码技术有了新的用途。在信息处理过程中,它被有效地用于数字签名和消息认证。

　　对系统中的消息而言,密码技术主要在以下方面保证其安全性:

- 保密性:信息不能被未经授权的人阅读,主要的手段就是加密和解密。

- 数据的完整性:在信息的传输过程中确认未被篡改,如散列函数就可用来检测数据是否被修改过。

- 不可否认性:防止发送方和接收方否认曾发送或接收过某条消息,这在商业应用中尤其重要。

1.2 对称密码的模型

　　密码学(cryptology),是研究信息系统安全保密的科学,包括密码编码学和密码分析学。密码编码学(Cryptography),主要研究对信息进行编码,实现对信息的隐蔽。密码分析学(Cryptanalytics),主要研究加密消息的破译或消息的伪造。

据传,朱丽叶斯·凯撒曾用过下面的加密方法:字母表用数字 0 到 25 表示,对字母 x 用 $y=(x+3) \bmod 26$ 来传输,收到 y 后,解密时 $x=(y-3) \bmod 26$,这种方法后来被我们称为凯撒密码。在此模型中,x 称为明文,y 称为密文,3 称为密钥,运算＋和－分别称为加密算法和解密算法。由此看来,密码传输的过程由五部分组成:

1 明文(plaintext):需要被传送和加密的消息。

2 密文(ciphertext):被加密后的消息。

3 加密算法(encryption algorithm):发送者对明文进行加密操作时所采用的一组规则。

4 解密算法(decryption algorithm):接收者对密文进行解密操作时所采用的一组规则。

5 加密密钥(encryption key)和解密密钥(decryption key):加密和解密算法的操作通常都是在一组密钥的控制下进行的。

对应地,密码算法的模型可描述如下,见图 1-1。

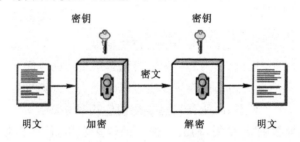

图 1-1　对称密码模型

在上面的模型中,由于加密和解密所使用的密钥相同,因此我们把它称为对称密码。

通常,一个密码体制我们把它看作一个五元组 (P,C,K,E,D),并且满足下面条件:

(1) P 是可能明文的有限集,称之为明文空间;

(2) C 是可能密文的有限集,称之为密文空间;

(3) K 是一切可能密钥构成的有限集,称之为密钥空间;

(4) 任意 $k\in K$,有一个加密算法 E_k 和相应的解密算法 D_k,使得满足 $D_k(E_k(x))=x$,这里 $x\in P$。

在加密通信里,通常使用以下模型,见图 1-2。

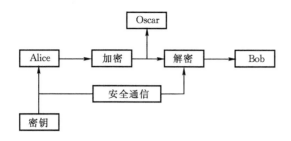

图 1-2　通信模型

　　密码学的目的：Alice 和 Bob 两个人在不安全的信道上进行通信，而破译者 Oscar 不能理解他们通信的内容。

　　基于密钥的算法，按照密钥的特点分为：

　　（1）对称密码算法（symmetric cipher）：又称传统密码算法（conventional cipher）、秘密密钥算法或单密钥算法，就是加密密钥和解密密钥相同，或实质上等同，即从一个易于推出另一个。

　　（2）非对称密码算法（asymmetric cipher）：加密密钥和解密密钥不相同，从一个很难推出另一个。又称公开密钥算法（public-key cipher）。公开密钥算法用一个密钥进行加密，而用另一个进行解密。其中的加密密钥可以公开，又称公开密钥（public key），简称公钥。解密密钥必须保密，又称私人密钥（private key），简称私钥。

　　按照明文的处理方法又可分为：

　　（1）分组密码（block cipher）：将明文分成固定长度的组，用同一密钥和算法对每一块加密，输出也是固定长度的密文。

　　（2）流密码（stream cipher）：又称序列密码。序列密码每次加密一位或一字节的明文，因此也称为流密码。序列密码是手工和机械密码时代的主流。公开密钥密码大部分是分组密码，只有概率密码体制属于流密码。

　　除了编码理论外，密码分析也是密码学的重要内容，它主要任务就是研究密码算法如何被破解。通常假定破译者是在已知密码体制的前提下来破译发送者使用的密钥或发送的明文。这个假设称为 Kerckhoffs 原则。

　　传统的密码攻击方法主要有两类：

　　第一类是密码分析学，就是破译者依靠密码算法的性质和明文的一些特性以及某些明文密文对来推导出密钥或对应的明文。最常见的破解类型有如下几种：

　　1. 惟密文攻击：破译者具有密文串 y；

　　2. 已知明文攻击：破译者具有明文串 x 和相应的密文 y；

3. 选择明文攻击:破译者可获得对加密机的暂时访问,因此他(她)能选择明文串 x,并构造出相应的密文串 y;

4. 选择密文攻击:破译者可暂时接近密码机,可选择密文串 y,并构造出相应的明文 x。

惟密文分析的难度最大,但也是最容易被防范的,因为攻击者获得的信息量最少。各种密码分析的最终目的在于破译出密钥或明文。能否破译成功,与很多因素有关,破译者的经验和观察能力起到一定的作用。在早期的密码分析中,人们非常注重字母的频率,字母的连接特征和重复特征,采用归纳法和演绎法,先分析,后假设和推测,最后再进行验证。这种方法现在对我们仍然有一定借鉴作用。

密码算法本身的安全性,可从以下两方面考虑:无论破译者有多少密文,他也无法解出对应的明文,即使解出了,他也无法验证结果的正确性,我们就认为密码算法是无条件安全的(unconditionally secure)。反之,密码算法虽然可被破译,但破译的代价超出信息本身的价值,或破译的时间超出了信息的有效期,则我们称密码算法是计算上安全的(computationally secure)。

另一类是穷举法。尝试所有可能的密钥,直至找到密文所对应的明文,这种穷举方法在理论上是可行的。但应考虑这样做的代价,一般而言,获得成功至少要尝试所有可能密钥的一半。比如要破译我们后面将要讲的三重 DES,在现在计算条件下,所需时间是天文数字,几乎是不可能的事。

1.3 古典密码

古典密码是基于字符的密码,在密码算法中主要采用以下两种方法:

(1) 代替密码(substitution cipher):就是明文中的每一个字符被替换成密文中的另一个字符。接收者对密文做反向替换就可以恢复出明文。

(2) 置换密码(permutation cipher):又称换位密码(transposition cipher)。明文的字母保持相同,但顺序被打乱了。

以下简要介绍几种古典密码算法。

1.3.1 凯撒密码

凯撒密码(Caesar Cipher)是一种简单的代替密码,加密时把每一个字母向前移 3 位,解密时后移 3 位。

可能的明文字母:	A B C D E F G … X Y Z
对应的密文字母:	D E F G H I J … A B C
采用的加密算法:	$c=(p+3) \bmod 26$

采用的解密算法：　　　$p = (c - 3) \bmod 26$

其中 p 表示明文，c 表示密文。

例 1-1　明文为：Caesar cipher is a shift substitution

凯撒密码对应的密文为：FDHVDU FLSKHU LV D VKLIW VXEVWLWXWLRQ

对于凯撒密码，只要知道密文，用穷举法是很容易攻击的。

密钥也可取其它整数。

1.3.2　单表代换密码

凯撒密码中的密钥只有 25 种可能，很容易被破译。如果允许任意代换，则密钥空间急剧增大，可以抵抗穷举攻击。

设 K 是由 26 个符号 $0, 1, \cdots, 25$ 的所有可能置换组成。任意 $\pi \in K$，定义 $E_\pi(x) = \pi(x) = y$ 且 $D_\pi(y) = \pi^{-1}(y) = x$，$\pi^{-1}$ 是 π 的逆置换。

密钥空间元素的个数为 $|K| = 26!$ 破译者穷举搜索是困难的，然而，可用统计的方式通过字母的使用频率破译。

单个英文字母的相对使用频率如图 1-3 所示，把密文中的字母频率与它相对照，在密文消息足够长时，就可找到相应的字母。也可以使用多字母组合的使用频率进行破译。

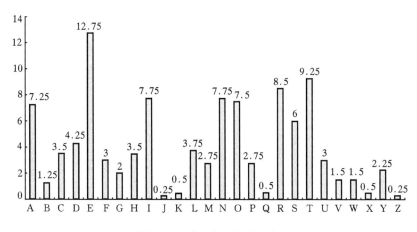

图 1-3　单个英文字母频率

1.3.3　Playfair 密码

Playfair：将明文中的双字母组合作为一个单元对待，并将这些单元转换为密文的双字母组合。

在 5×5 变换矩阵中：I 与 J 视为同一字符，密钥为 cipher

C I P H E
R A B D F
G K L M N
O Q S T U
V W X Y Z

加密规则：按成对字母加密，相同对中的字母加分隔符（如 x）。

例如，balloon 分成 ba lx lo on

同行取右边：he 加密为 EC

同列取下边：dm 加密为 MT

其他取交叉：kt 加密为 MQ，OD 译为 TR

Playfair 有 26×26＝676 种字母对组合，字符出现几率一定程度上被均匀化，因此基于字母频率的攻击比较困难。

1.3.4 Hill 密码

Hill 密码是基于矩阵的线性变换。

设 K 是一个 $m×m$ 矩阵，且可逆，即存在 $\boldsymbol{K}^{-1}$ 使得：

$$\boldsymbol{K}\boldsymbol{K}^{-1}＝\boldsymbol{I}$$

对明文 x 和选取的 $\boldsymbol{K}$，定义加密过程为 $E_k(x)＝\boldsymbol{K}x(\mathrm{mod}\ 26)$，其解密过程为 $D_k(y)＝\boldsymbol{K}^{-1}y(\mathrm{mod}\ 26)$。

例 1-2 $m＝3$ 时，设 c_i 为第 i 个密文字母，p_i 为第 i 个明文字母，则加密算法为：

$$\begin{pmatrix} c_1 \\ c_2 \\ c_3 \end{pmatrix}＝\begin{pmatrix} k_{11} & k_{12} & k_{13} \\ k_{21} & k_{22} & k_{23} \\ k_{31} & k_{32} & k_{33} \end{pmatrix}\begin{pmatrix} p_1 \\ p_2 \\ p_3 \end{pmatrix}\mathrm{mod}\ 26$$

解密算法为：

$$\begin{pmatrix} p_1 \\ p_2 \\ p_3 \end{pmatrix}＝\begin{pmatrix} k_{11} & k_{12} & k_{13} \\ k_{21} & k_{22} & k_{23} \\ k_{31} & k_{32} & k_{33} \end{pmatrix}^{-1}\begin{pmatrix} c_1 \\ c_2 \\ c_3 \end{pmatrix}\mathrm{mod}\ 26$$

Hill 密码完全隐藏了字符（对）的频率信息，但其线性变换的安全性很脆弱，易被已知明文攻击击破。

1.3.5 多表代换密码

多表代换密码是以一系列（两个以上）代换表依次对明文消息的字母进行代换

的方法。

Vigenére cipher 是一种多表代换密码,设 d 为一固定的正整数,d 个移位代换表 $\pi = (\pi_1, \pi_2, \cdots, \pi_d)$ 由密钥序列 $K = (k_1, k_2, \cdots, k_d)$ 给定,第 $i+td$ 个明文字母由表 π_i 决定,即密钥 k_i 决定加密和解密:

$$E_k(x_{i+td}) = (x_{i+td} + k_i) \bmod q = y, \quad D_k(y_{i+td}) = (x_{i+td} - k_i) \bmod q = x.$$

例 1-3 $q = 26$, $x = $ polyalphabetic cipher, $K = $ RADIO

明文 $x = $ pol ya lphabet ic cipher

密钥 $k = $ RADIORADIORADIORADIO

密文 $y = $ GOOGOCPKTPNTLKQZPKMF

Vigenére cipher 依然保留了字符频率的某些统计信息,可利用重码分析法来进行攻击,若间距是密钥长度整数倍,则相同明文子串有相同密文,反过来,密文中两个相同的子串对应的明文相同的可能性很大。

1.3.6 置换密码

置换密码就是换位密码,即改变明文中字母的位置。例如,在一个矩阵中把明文按列写入,按行读出,其密钥包含 3 方面信息:行宽,列高,读出顺序。

例 1-4 密钥 key: 4 3 1 2 5 6 7

明文:

a t t a c k p
o s t p o n e
d u n t i l t
w o a m x y z

密文: ttnaaptmtsuoaodwcoixknlypetz

置换密码虽然完全保留了字符的统计信息,但我们仍然可使用多轮加密来提高其安全性。

习 题

1. 简述密码体制的五个部分及其作用。
2. 攻击密码的两种一般方法是什么?
3. 简述密码分析的 4 种类型。
4. 英文单表代换密码的密钥量是多少?
5. 设计一个 Caesar 密码的实例。
6. Playfair 密码可用的密钥有多少个?
7. (1) 用 Playfair 密码加密消息"There is a trend for sensitive user to be

stored by third parties on the Internet.",密钥为"cryptography"。

（2）写出对上述密文的解密运算。

8. 假设明文 breathtaking 使用 Hill 密码被加密为 rupotentoifv,试分析出加密密钥矩阵（矩阵的阶未知）。

9. 在一个密码体制中,如果加密函数 E_K 和解密函数 D_K 相同,我们称这样的密钥 K 为对合密钥。

（1）试找出定义在 Z_{26} 上的移位密码体制中的所有对合密钥。

（2）证明在置换密码中,置换 π 是对合密钥,当且仅当对任意的 $i,j \in \{1,\cdots,m\}$,若 $\pi(i)=j$,则必有 $\pi(j)=i$。

10. 设 π 为集合 $\{1,\cdots,8\}$ 上的置换：

$$\begin{pmatrix} x & 1 & 2 & 3 & 4 & 5 & 6 & 7 & 8 \\ \pi(x) & 4 & 1 & 6 & 2 & 7 & 3 & 8 & 5 \end{pmatrix}$$

用 π 作为密钥对某段明文加密后的密文如下,试求出明文。

ETEGENLMDNTNEOORDAHATECOESAHLRMI

11. 下面给出一个特殊的置换密码。设 m,n 为正整数,将明文写成一个 $m \times n$ 矩阵,然后依次取矩阵的各列构成密文,例如,设 $m=4,n=3$,加密明文"cryptography"：

cryp
togr
aphy

则对应的密文应该为"CTAROPYGHPRY"。

（1）在已知 m 和 n 时,如何解密。

（2）试解密通过上述方法加密的密文：

MYAMRARUYIQTENCTORAHROYWDSOYEOUARRGDERNOGW

第 2 章　分组密码与数据加密标准 DES

　　1973 年,美国国家标准局 NBS 公开征集用于保护商用信息的密码算法,并于 1975 年公布了数据加密标准 DES(Data Encryption Standard)。随后的二十多年中,人们陆续设计了许多成熟的分组密码算法,如 IDEA、SAFER、RC5、Blowfish、GOST、FEAL、Rijndael 等。同时也提出了一些成功的密码分析方法,如差分分析、线性分析、截断差分分析等等。作为对称密码体制的一个重要分支,分组密码一直以来备受研究者的关注。

2.1　分组密码的基本概念

　　对称密码体制根据加密方式可分为**分组密码**和**序列密码**。

　　序列密码(stream cipher)也叫流密码,是用随机的密钥序列依次对明文字符加密,一次加密一个字符。分组密码(Block cipher)则是将明文划分为长度固定的组,逐组进行加密,得到长度固定的一组密文,见图 2 - 1。密文分组中的每一个字符与明文分组的每一个字符都有关。

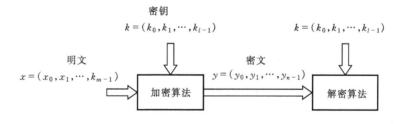

图 2 - 1　分组密码框图

　　假设将明文字符序列分成长为 m 个字符的组,对各组加密后密文分组长度为 n 个字符。若 $m > n$,称该加密算法产生了**数据压缩**;若 $m < n$,则称产生了**数据扩展**。

　　在相同的密钥作用下,分组密码算法对各组明文所实施的变换是相同的,因此加密算法实质上是一个较复杂的单表代替密码。为了达到足够高的安全性,防止穷举攻击,这张代替表应该非常大,这就要求明文分组长度要足够大。同时密钥长度也应该足够大,以防止密钥穷举攻击。为了使密文分组中的每一个字符与明文分组的每一个字符都有关,加密算法要足够复杂。事实上,分组密码的**核心问题**就是设计足够复杂的算法,以实现 Shannon 提出的混乱和扩散准则。

混乱(confusion)和**扩散**(diffusion)是针对统计分析破译而提出的。

混乱:加密算法应该足够复杂,以使明文与密文、密钥与密文之间的统计相关性极小化。

扩散:为了掩盖明文的统计结构,密码算法应该将单个明文字符的影响尽可能迅速地散布到较多位密文字符中去。这个准则可以进一步推广为加密时应将单个密钥字符的影响扩散到多位密文字符中,以挫败对密钥的逐段破译。扩散又被形象地称为**雪崩效应**(avalanche effect),因为明文或密钥一个字符的变化能引起密文中许多个字符发生改变。

这两个准则抓住了分组密码设计的本质,因而成为现代密码设计的重要依据。根据密码设计的 Kerckhoffs 准则,一个密码体制的安全性应该全部依赖于密钥的安全性,分组密码由于具有较复杂的加解密算法,即使将算法的全部细节公开,也很难用统计分析的方法成功破译,这是现代密码有别于古典密码的特点。

为了充分实现混乱和扩散,使密码算法足够复杂,分组密码采用迭代的方法完成加解密。迭代是指将加密函数 f 在密钥控制下进行多次运算,每一次迭代称作一轮或一圈,函数 f 称作轮函数(Round Function)。这样做可以使一个较易分析和实现的简单函数经过多次迭代后成为一个复杂的密码算法,既能达到充分的安全性,又易于实现。

在迭代型分组密码中,各轮所使用的密钥称为子密钥,每一轮的输入包括了上一轮的输出和本轮的子密钥。第一轮的输入为明文分组,而最后一轮的输出为密文分组。各个子密钥由一个较短的初始密钥经过密钥生成算法产生,这样可以使通过秘密信道传输的密钥量较小,提高安全性。密钥生成算法同加密算法一样,也是公开的。

综上所述,对分组密码,有这样一些设计要求:

(1)分组长度足够大

为了防止对明文的穷举攻击,明文分组长度应该足够大,从而使分组代替表有足够的长度。事实上,代替表的长度随着明文长度的增加而呈指数增长,设明文分组长度为 n bit,则代替表中有 2^n 项。考虑到实现问题,大部分分组密码选择明文分组长度为 64 的整数倍。如 DES 的分组长度为 64 bit,而 AES 的分组长度可以选择 128、192 或 256 bit。

(2)密钥量要足够大

这里的密钥量是指初始密钥的数量,密钥量的多少直接体现了密码体制的安全性,密钥量与密钥长度间同样存在指数关系。

同时为了安全,对子密钥生成算法也有一定要求。如果给定初始密钥 k,经子密钥产生器产生的各个子密钥都相同,则称 k 为弱密钥(Weak Key),这种情形是要尽量避免的。通过精心设计的算法可以消除弱密钥。

（3）算法要足够复杂,充分实现明文与密钥的混乱和扩散

一个足够复杂的算法应该能够隐藏密文与明文、密文与密钥间的统计相关性,使攻击者从密文中统计明文或密钥信息是十分困难的。除统计分析外,算法也应能抗击已有的各种数学攻击方法,如差分分析和线性分析等。

（4）运算简单,便于软、硬件实现

运算是算法的构件,一个复杂的算法由许多相对简单的运算构成,为了便于软件编程或通过逻辑电路实现,算法中的运算应该尽量简单,如二进制加法或移位运算,参与运算的参数长度也应选择 8 的整数倍,可以充分发挥计算机中字节运算的优势。

（5）无数据扩展

为了使用方便,降低成本,分组密码要求加密和解密算法相同。这就要求明文分组与密文分组长度相同,即无数据扩展或压缩。

2.2　数据加密标准 DES

2.2.1　DES 的历史

上个世纪六、七十年代,随着计算机在通信网络中的应用,对信息处理设备标准化的要求也越来越迫切,加密产品作为信息安全的核心,自然也有标准化需求。

1973 年,NBS 发布了公开征集标准密码算法的请求,并确定了一系列的设计准则如下:

（1）算法应具有较高的安全性;

（2）算法必须是完全确定,没有含糊之处;

（3）算法的安全性必须完全依赖于密钥;

（4）对于任何用户必须是不加区分的;

（5）用于实现算法的电子器件必须很经济。

1974 年,IBM(美国商用电器公司)向 NBS 提交了由 Tuchman 博士领导的小组设计并经改造的 Luciffer 算法。NSA(美国国家安全局)组织专家对该算法进行了鉴定,使其成为 DES 的基础。

1975 年 NBS 公布了这个算法,并说明要以它作为联邦信息加密标准,征求各方意见。1976 年,DES 被采纳作为联邦标准,并授权在非机密的政府通信中使用。DES 在银行、金融界崭露头角,随后得到广泛应用。

DES 系统于 1977 年被正式批准,并于同年 7 月 15 日宣布生效,长期来一直被美国政府、军队广泛使用。1988 年里根政府宣布 DES 算法服役期满(一般为十年)而转为民用,后来又被美国商界和世界其它国家采用。

1981 年 ANSI(美国国家标准技术研究所)将其作为数据加密标准,称之为 DEA(ANSI X3.92)。1983 年 ISO(国际标准化组织)采用其作为标准,称为 DEA -1。

1984 年美国总统签署 145 号国家安全决策令(NSDD),命令 NSA 着手发展新的加密标准,用于政府系统非机密数据和私人企事业单位。NSA 宣布每隔 5 年对 DES 重新审议一次,以鉴定其是否还适合继续作为联邦标准。1994 年 1 月,宣布要延续到 1998 年。

1990 年,在 Eurocrypt(欧洲密码年会)上,以色列密码学家 Shamir 提出了针对 DES 的"差分分析法"。1993 年,仍然是在 Eurocrypt 上,Matsui 提出"线性分析法"。

1997 年 ANSI 开始征集 AES(高级加密标准)。2000 年,选定比利时人 Joan Daemen 和 Vincent Rijmen 设计的 Rijndael 算法作为新的标准。

虽然 DES 已不再作为数据加密标准,但它仍然值得研究和学习。首先三重 DES 算法仍在 Internet 中广泛使用,如 PGP 和 S/MIME 中都使用了三重 DES 作为加密算法。其次 DES 是历史上最为成功的一种分组密码算法,它的使用时间之久,范围之大,是其它分组密码算法不能企及的,而 DES 的成功则归因于其精巧的设计和结构,学习 DES 算法的细节有助于我们深入了解分组密码的设计方法,理解如何通过算法实现混乱和扩散准则,从而快速地掌握分组密码的本质问题。

2.2.2 DES 算法细节

DES 的明文分组长度 64 bit,密文分组长度也是 64 bit,无数据扩展与压缩。加密过程要经过 16 圈迭代。初始密钥长度为 64 bit,但其中有 8 bit 奇偶校验位,因此有效密钥长度是 56 bit,子密钥生成算法产生 16 个 48 bit 的子密钥,在 16 圈迭代中使用。解密与加密采用相同的算法,并且所使用的密钥也相同,只是各个子密钥的使用顺序不同。

DES 算法的全部细节都是公开的,其安全性完全依赖于密钥的保密。

算法包括:初始置换 IP、16 轮迭代、逆初始置换 IP^{-1} 以及子密钥产生算法,如图 2-2 所示。下面分别介绍各个部分。

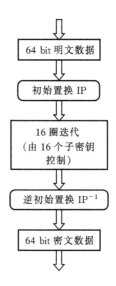

图 2-2　DES 算法框图

1. 初始置换 IP

将 64 bit 的明文重新排列,而后分成左右两块,每块 32 bit,以 L_0 和 R_0 表示。IP 置换表如图 2-3 所示。通过对这张置换表进行观察,可以发现,IP 中相邻两列元素位置号数相差为 8,前 32 个元素均为偶数号码,后 32 个均为奇数号码,这样的置换相当于将原明文各字节按列写出,各列 bit 经过偶采样和奇采样置换后,再对各行进行逆序排列,将阵中元素按行读出便构成置换的输出。

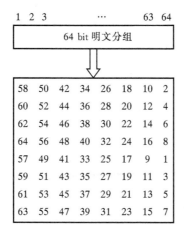

图 2-3　初始置换 IP

2. 逆初始置换 IP⁻¹

在 16 圈迭代之后,将左右两段合并为 64 bit,进行置换 IP⁻¹,得到输出的 64 bit 密文。如图 2-4 所示。

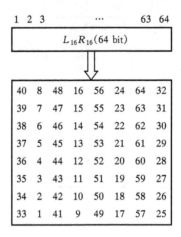

图 2-4　逆初始置换 IP⁻¹

输出为表中元素按行读出的结果。

IP 和 IP⁻¹ 的输入与输出是已知的一一对应关系,它们的作用在于打乱原来输入的 ASCII 码字划分,并将原来明文的校验位 $p_8, p_{16}, \cdots, p_{64}$ 变为 IP 输出的一个字节。

3. 乘积变换

这是 DES 算法的核心部分。将经过 IP 置换后的数据分成 32 bit 的左右两段,进行 16 圈迭代,每次迭代只对右边的 32 bit 进行一系列的加密变换,在一轮迭代即将结束时,将左边的 32 bit 与右边进行变换后得到的 32 bit 按位模 2 加,作为下一轮迭代时右边的段,并将原来右边未经变换的段直接作为下一轮迭代时左边的段。在每圈迭代时,右边的段要经过选择扩展运算 E、密钥加运算、选择压缩运算 S 和置换 P,这些变换合称为 F 函数。如图 2-5 所示。

选择扩展运算(也称为 E 盒)的目的是将输入的右边 32 bit 扩展成为 48 bit 输出,其变换表由图 2-6 给出。

E 盒输出的 48 bit 与 48 bit 的子密钥按位模 2 加,然后经过选择压缩运算(也称为 S 盒),得到 32 bit 的输出。S 盒(表 2-1)是 DES 算法中惟一的非线性部分,它是一个查表运算。其中共有 8 张非线性的代替表,每张表的输入为 6 bit,输出为 4 bit。在查表之前,将输入的 48 bit 分为 8 组,每组 6 bit,分别进入 8 个 S 盒进行运算。

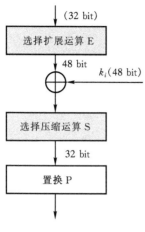

图 2-5　F 函数

32	1	2	3	4	5
4	5	6	7	8	9
8	9	10	11	12	13
12	13	14	15	16	17
16	17	18	19	20	21
20	21	22	23	24	25
24	25	26	27	28	29
28	29	30	31	32	1

图 2-6　选择扩展运算 E

表 2-1　DES 中的 8 个 S 盒

列\行	0	1	2	3	4	5	6	7	8	9	10	11	12	13	14	15	序号
0	14	4	13	1	2	15	11	8	3	10	6	12	5	9	0	7	
1	0	15	7	4	14	2	13	1	10	6	12	11	9	5	3	8	S_1
2	4	1	14	8	13	6	2	11	15	12	9	7	3	10	5	0	
3	15	12	8	2	4	9	1	7	5	11	3	14	10	0	6	13	
0	15	1	8	14	6	11	3	4	9	7	2	13	12	0	5	10	
1	3	13	4	7	15	2	8	14	12	0	1	10	6	9	11	5	S_2
2	0	14	7	11	10	4	13	1	5	8	12	6	9	3	2	15	
3	13	8	10	1	3	15	4	2	11	6	7	12	0	5	14	9	
0	10	0	9	14	6	3	15	5	1	13	12	7	11	4	2	8	
1	13	7	0	9	3	4	6	10	2	8	5	14	12	11	15	1	S_3
2	13	6	4	9	8	15	3	0	11	1	2	12	5	10	14	7	
3	1	10	13	0	6	9	8	7	4	15	14	3	11	5	2	12	
0	7	13	14	3	0	6	9	10	1	2	8	5	11	12	4	15	
1	13	8	11	5	6	15	0	3	4	7	2	12	1	10	14	9	S_4
2	10	6	9	0	12	11	7	13	15	1	3	14	5	2	8	4	
3	3	15	0	6	10	1	13	8	9	4	5	11	12	7	2	14	
0	2	12	4	1	7	10	11	6	8	5	3	15	13	0	14	9	
1	14	11	2	12	4	7	13	1	5	0	15	10	3	9	8	6	S_5
2	4	2	1	11	10	13	7	8	15	9	12	5	6	3	0	14	
3	11	8	12	7	1	14	2	13	6	15	0	9	10	4	5	3	

0	12	1	10	15	9	2	6	8	0	13	0	4	14	7	5	11	S_6
1	10	15	4	2	7	12	9	5	6	1	13	14	0	11	3	8	
2	9	14	15	5	2	8	12	3	7	0	4	10	1	13	11	6	
3	4	3	2	12	9	5	15	10	11	14	1	7	6	0	8	13	
0	4	11	2	14	15	0	8	13	3	12	9	7	5	10	6	1	S_7
1	13	0	11	7	4	9	1	10	14	3	5	12	2	15	8	6	
2	1	4	11	13	12	3	7	14	10	15	6	8	0	5	9	2	
3	6	11	13	8	1	4	10	7	9	5	0	15	14	2	3	12	
0	13	2	8	4	6	15	11	1	10	9	3	14	5	0	12	7	S_8
1	1	15	13	8	10	3	7	4	12	5	6	11	0	14	9	2	
2	7	11	4	1	9	12	14	2	0	6	10	13	15	3	5	8	
3	2	1	14	7	4	10	8	13	15	12	9	0	3	5	6	11	

运算规则为:假设输入的 6 bit 为 $b_1 b_2 b_3 b_4 b_5 b_6$,则 $b_1 b_6$ 构成一个两位的二进制数,用于指示表中的行,中间四个 bit $b_2 b_3 b_4 b_5$ 构成的二进制数用于指示列,位于选中的行和列上的数作为这张代替表的输出。例如:对于 S_1,设输入为 010001,则应选第 1(01)行,第 8(1000)列上的数,是 10,因此输出为 1010。

置换 P 是一个 32 bit 的换位运算,对 S_1—S_8 输出的 32 bit 数据进行换位,如图 2-7 所示。

16	7	20	21
29	12	28	17
1	15	23	26
5	18	31	10
2	8	24	14
32	27	3	9
19	13	30	6
22	11	4	25

图 2-7　置换 P

4. 子密钥产生器

64 bit 初始密钥经过置换选择 PC-1、循环移位运算、置换选择 PC-2,产生 16 次迭代所用的子密钥 k_i,如图 2-8。初始密钥的第 8、16、24、32、40、48、56、64 位是奇偶校验位,其余 56 位为有效位,置换选择 PC-1(图 2-9)的目的是从 64 位中选出 56 位有效位,PC-1 输出的 56 bit 被分为两组,每组 28 bit,分别进入 C 寄存器和 D 寄存器中,并进行循环左移,左移的位数由表 2-2 给出。每次移位后,将

C 和 D 中的原存数送给置换选择 PC－2,如图 2－10,PC－2 将 C 中第 9、18、22、25 位和 D 中第 7、9、15、26 位删去,将其余数字置换位置,输出 48 bit,作为子密钥。

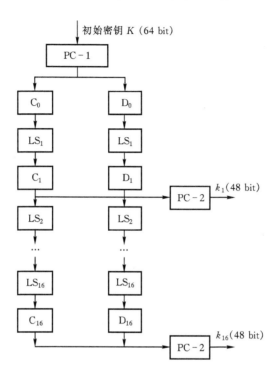

图 2－8　子密钥生成算法

57	49	41	33	25	17	9
1	58	50	42	34	26	18
10	2	59	51	43	35	27
19	11	3	60	52	44	36
63	55	47	39	31	23	15
7	62	54	46	38	30	22
14	6	61	53	45	37	29
21	13	5	28	20	12	4

图 2－9　置换选择 PC－1

表 2 - 2　移位次数表

子密钥序号	1	2	3	4	5	6	7	8	9	10	11	12	13	14	15	16
循环左移位数	1	1	2	2	2	2	2	2	1	2	2	2	2	2	2	1

14	17	11	24	1	5	3	28
15	6	21	10	23	19	12	4
26	8	16	7	27	20	13	2
41	52	31	37	47	55	30	40
51	45	33	48	44	49	39	56
34	53	46	42	50	36	29	32

图 2 - 10　置换选择 PC - 2

综上所述,我们可以用数学语言描述 DES 算法的加解密过程如下:

令 IP 表示初始置换,k_i 表示第 i 次迭代所用的子密钥,L_i、R_i 分别表示第 i 次迭代时左边和右边的 32 bit,f 表示每次迭代时对右边所作的变换,$\oplus$ 表示逐位模 2 加。

加密过程为:　　　　$L_0 R_0 \leftarrow IP$　　(64 bit 明文)

$$L_i \leftarrow R_{i-1} \qquad\qquad i=1,\cdots,16 \qquad (1)$$

$$R_i \leftarrow L_{i-1} \oplus f(R_{i-1},k_i) \qquad i=1,\cdots,16 \qquad (2)$$

(64 bit 密文) $\leftarrow IP^{-1}(R_{16}L_{16})$

这里式(1)和式(2)要经过 16 次迭代,它们构成 DES 的圈函数,记作 T_i。

DES 的加密过程是可逆的,解密过程与加密过程类似,只是密钥的使用顺序相反,由 k_{16} 至 k_1 依次使用。

解密过程为:　　　　$R_{16}L_{16} \leftarrow IP$　　(64 bit 密文)

$$R_{i-1} \leftarrow L_i \qquad\qquad i=16,\cdots,1$$

$$L_{i-1} \leftarrow R_i \oplus f(L_i,k_i) \qquad i=16,\cdots,1$$

(64 bit 明文) $\leftarrow IP^{-1}(R_0L_0)$

设 m 为 64 bit 明文,c 为 64 bit 密文,利用复合运算,也可将加密过程写为:

$$c = E(m) = IP^{-1} \circ T_{16} \circ T_{15} \circ \cdots \circ T_1 \circ IP(m)$$

解密过程为:

$$m = D(c) = IP^{-1} \circ T_1 \circ T_2 \circ \cdots \circ T_{16} \circ IP(c)$$

2.2.3　DES 算法的可逆性证明

DES 的圈函数 T_i 由上文所述的函数 F 和左右互换 C 复合而成,在第 i 圈,使

用子密钥 k_i 的 F 写为 F_{k_i}，那么 $T_i = C \circ F_{k_i}$，其中

$$C(L, R) = (R, L)$$

$$F_{k_i}(L, R) = (L \oplus f(R, k_i), R)$$

对于 C，有 $C \circ C(L, R) = C(R, L) = (L, R)$，从而 $C = C^{-1}$；

对于 F_{k_i}，有

$$\begin{aligned}
F_{k_i} \circ F_{k_i}(L, R) &= F_{k_i}(L \oplus f(R, k_i), R) \\
&= (L \oplus f(R, k_i) \oplus f(R, k_i), R) \\
&= (L, R)
\end{aligned}$$

从而同样有 $F_{k_i} = F_{k_i}^{-1}$。

利用上面复合运算的写法，将 DES 的加密和解密运算合成，

$$D \circ E(m) = IP^{-1} \circ F_{k_1} \circ C \circ \cdots \circ F_{k_{15}} \circ C \circ F_{k_{16}} \circ IP \circ IP^{-1} \circ F_{k_{16}} \circ C \circ \cdots \circ F_{k_2} \circ C \circ F_{k_1} \circ IP(m)$$

由于 $C = C^{-1}$ 以及 $F_{k_i} = F_{k_i}^{-1}$，故中间的各个运算都等价于恒等变换，从而有 $D \circ E(m) = m$，这样就证明了加解密的可逆性。

2.2.4　DES 的安全性

DES 的出现对于密码学的发展具有非常重大的意义，它是第一个将算法细节完全公开，任人测试和研究的密码体制，算法的安全性完全依赖于密钥，满足密码设计的 Kerckhoffs 准则。

从 DES 的诞生之日起，人们对其安全性就有激烈的争论。DES 作为一个标准被提出时，曾出现过许多的批评，有人怀疑 NSA 在 S 盒里隐藏了"陷门(Trapdoor)"，他们可以轻易地解密一切消息，同时还虚假地宣称 DES 是"安全"的。当然，不能否认这种事情的可能性，然而到目前为止，并没有任何证据能证实 DES 里的确存在陷门。20 多年来人们对 DES 进行了大量的研究，考察了 DES 算法的特点和存在的问题。下面是一些主要结论。

1. 互补性

DES 算法具有下述性质。对明文 m 逐位取补，记为 $\overline{m}$，密钥 k 逐位取补，记为 $\overline{k}$，且

$$c = E_k(m)$$

则有

$$\overline{c} = E_{\overline{k}}(\overline{m})$$

这里，$\overline{c}$ 是 c 的逐位取补。这种特性被称为算法上的互补性，是由算法中的两次异或运算的配置所决定的。两次异或运算一次在 S 盒之前，一次在 P 盒置换之后。若对 DES 输入的明文和密钥同时取补，则选择扩展运算 E 的输出和子密钥产生器

的输出也都取补,因而经异或运算后的输出和明文及密钥未取补时的输出一样,这使到达 S 盒的输入数据未变,其输出自然也不会变,但经第二个异或运算时,由于左边的数据已取补,因而输出也就取补了。

互补性会使 DES 在选择明文攻击下所需的工作量减半。给定明文 m,密文 $c_1 = E_k(m)$,易得出 $c_2 = \bar{c}_1 = E_k(\bar{m})$。若要在明文空间中搜索 m,以验证 $E_k(m) \overset{?}{=} c_1$ 或 c_2,则一次运算包括了采用明文 m 和 $\bar{m}$ 两种情况。

2. 弱密钥和半弱密钥

许多密码算法都存在一些不"好"的密钥,比如,在乘法密码中,若加密密钥 a 与模数 m 不互素,则不能构造一张完整的代替表,此时将 a 作为密钥是不合适的。在 DES 中,情况要复杂得多。DES 的加密过程需要用到由 64 bit 初始密钥产生的 16 个子密钥。如果给定初始密钥 k,经子密钥产生器产生的各个子密钥都相同,即有

$$k_1 = k_2 = \cdots = k_{16}$$

则称给定的初始密钥 k 为**弱密钥**(Weak Key)。若 k 为弱密钥,则对任意的 64 bit 信息 m,有

$$E_k(E_k(m)) = m$$

$D_k(D_k(m)) = m$ 即以 k 对 m 加密两次或解密两次相当于恒等映射,结果仍为 m。这意味着加密运算和解密运算没有区别。

弱密钥的构造由子密钥产生器中寄存器 C 和 D 中的存数在循环移位下出现的重复图样决定。若 C 和 D 中的存数为全 0 或全 1,则无论左移多少位,都保持不变,因而相应的 16 个子密钥都相同。可能产生弱密钥的 C 和 D 的存数有四种组合,其十六进制表示为:

$$
\begin{array}{llllllllll}
(0,0) & \leftrightarrow & 00 & 00 & 00 & 00 & 00 & 00 & 00 \\
(0,15) & \leftrightarrow & 00 & 00 & 00 & 0F & FF & FF & FF \\
(15,0) & \leftrightarrow & FF & FF & FF & F0 & 00 & 00 & 00 \\
(15,15) & \leftrightarrow & FF & FF & FF & FF & FF & FF & FF
\end{array}
$$

相应初始密钥 k 的十六进制表示为:

$$
\begin{array}{llllllllll}
(0,0) & \leftrightarrow & 01 & 01 & 01 & 01 & 01 & 01 & 01 & 01 \\
(0,15) & \leftrightarrow & 1F & 1F & 1F & 1F & 0E & 0E & 0E & 0E \\
(15,0) & \leftrightarrow & E0 & E0 & E0 & E0 & 1F & 1F & 1F & 1F \\
(15,15) & \leftrightarrow & FE & FE & FE & FE & FE & FE & FE & FE
\end{array}
$$

若给定初始密钥 k,产生的 16 个子密钥只有两种,且每种都出现 8 次,则称 k 为**半弱密钥**(Semi-weak Key)。半弱密钥的特点是成对出现,且具有下述性质:若 k_1 和 k_2 为一对半弱密钥,m 为明文组,则有

$$E_{k_2}(E_{k_1}(m))=E_{k_1}(E_{k_2}(m))=m$$

此时称 k_1 和 k_2 是互为对合的。若寄存器 C 和 D 中的存数是长为 2 的重复数字，即 $(0101\cdots01)$ 和 $(1010\cdots10)$，则对于偶次循环移位，这种数字是不会变化的，对于奇数次循环移位，$(0101\cdots01)$ 和 $(1010\cdots10)$ 二者互相转化。而 $(00\cdots0)$ 和 $(11\cdots1)$ 显然也具有上述性质。若 C 和 D 的初值选自这四种图样，所产生的子密钥就会只有两种，而且每种都出现 8 次。对于寄存器 C 和 D 来说，四种图样可能的组合有 $4\times4=16$ 种，其中有 4 个为弱密钥，其余 12 个为半弱密钥，组成 6 对。如表 2-3 所示。

表 2-3　半弱密钥表

C,D 存数编号	初始密钥（十六进制表示）							
(10,10)	01	FE	01	FE	01	FE	01	FE
(5,5)	FE	01	FE	01	FE	01	FE	01
(10,5)	1F	E0	1F	E0	0E	F1	0E	F1
(5,10)	E0	1F	E0	1F	F1	0E	F1	0E
(10,0)	01	E0	01	E0	01	F1	01	F1
(5,0)	E0	01	F0	01	F1	01	F1	01
(10,15)	1F	FE	1F	FE	0E	FE	0E	FE
(5,15)	FE	1F	FE	1F	FE	0E	FE	0E
(0,10)	01	1F	01	1F	01	0E	01	0E
(0,5)	1F	01	1F	01	0E	01	0E	01
(15,10)	E0	FE	E0	FE	F1	FE	F1	FE
(15,5)	FE	E0	FE	E0	FE	F1	FE	F1

（各对均标注"互逆对"）

此外，还有四分之一弱密钥等等。

在 DES 的 2^{56} 个密钥中，弱密钥所占的比例是非常小的，而且极易避开，因此，弱密钥的存在对 DES 的安全性威胁不大。

3. 密钥搜索机

在对 DES 的安全性批评意见中，较为一致的也是最为中肯的看法是 DES 的密钥太短。IBM 最初的 Lucifer 方案密钥长度为 128 bit，向 NBS 提交的建议方案采用 112 bit 密钥，但 NSA 公布的 DES 标准采用 64 bit 密钥，后来又减小到 56 bit。有人认为 NSA 故意限制 DES 的密钥长度。事实上，64 bit 密钥中包含的 8 bit 奇偶较验位似乎没有任何用处。DES 的密钥量为

$$2^{56}=7.2\times10^{16}=72057594037927936\approx10^{17}$$

若要对 DES 进行密钥搜索破译,分析者在得到一组明文—密文对的条件下,对明文用所有可能的密钥加密,如果加密结果与已知的明密对中的密文相符,就可以确定所用的密钥了。密钥搜索所需的时间取决于密钥空间的大小和执行一次加密所用的时间。

从表面上看,穷举式攻击似乎不现实。假设要找到一个密钥平均需要搜索一半密钥空间,则一台每微秒可以完成一次加密的机器将要花费 1000 年的时间。然而,每微秒加密一次的假设过于保守。早在 1977 年,Diffie 和 Hellman 就设想有一种技术可以制造出具有 100 万个加密设备的并行机,其中的每一个设备都可以在 1 微秒之内完成一次加密,这样平均搜索时间就减小到 10 小时。而这样的一台机器的造价在 1977 年大约是 2000 万美元。

1993 年,在美国密码年会(Crypt'93)上,Michael Wiener 给出了一个详细的密钥搜索机方案。它使用串行的密钥搜索芯片,能同时完成 16 次加密。这个机器中包含 5760 个密钥搜索芯片,每秒可以测试 5000 万个密钥。使用它可以得到表 2-4 中的结果。

表 2-4　密钥搜索机的造价及搜索时间

密钥搜索机器单位造价	预期的搜索时间
$100 000	35 小时
$1 000 000	3.5 小时
$10 000 000	21 分钟

另外,Wiener 估计一次开发费用大约是 50 万美元。在 1997 年的更新中,Wiener 把相同费用下的时间减小到原来的六分之一。

虽然 Wiener 的工作很重要,但那只是一个假想的设计,并没有实际建造出来。RSA 数据安全公司曾发起了一个破解密钥的比赛,叫作"DES Challenge",要求在给定密文和部分明文的情况下找到 DES 的密钥,获胜者将得到 10000 美元奖金。该竞赛于 1997 年 1 月 29 日发布,参加者 Rocke Verser 编了一个穷举搜索密钥的程序并在网上发布,最终有 7 万个系统参与计算。项目从 1997 年 2 月 18 日开始,96 天后找到了正确的密钥,这时大约已搜索了密钥空间的四分之一。这个比赛显示了分布式个人计算机在密码分析时的威力。1998 年 5 月,美国 EFF(Electronic Frontier Foundation)宣布,他们以一台价值 25 万美元的计算机改装成的专用解密机,用了 56 小时破译了采用 56 bit 密钥的 DES,赢得了"DES Challenge II"的胜利。这台机器被称为"DES 破译者"。1999 年 1 月,"DES 破译者"在分布式网络的协同工作下,在 22 小时 15 分钟里找到了 DES 密钥,获得了 RSA 实验室"DES Challenge III"的胜利。

4. 差分分析和线性分析

DES 在全世界范围内使用了 20 多年,也经历了 20 多年的分析和攻击,除穷举密钥攻击外,人们也企图找到密码分析方法。但提出的大部分算法破译难度都停留在 2^{55} 数量级上,直到 1990 年 Biham 和 Shamir 公开发表了**差分分析法**,才使 DES 一类分组密码的分析工作向前推进了一大步。差分分析法是已经公开的第一种可以以少于 2^{55} 的复杂性对 DES 进行破译的方法,目前它也是攻击迭代密码体制的最佳方法。

差分分析是一种攻击迭代密码体制的选择明文攻击方法,与一般统计分析法的不同之处是,它不是直接分析密文或密钥与明文的统计相关性,而是分析一对给定明文的异或(称为差分)与对应密文对的异或之间的统计相关性。差分分析的基本思想是在要攻击的迭代密码系统中找出某些高概率的明文差分和密文差分对来推算密钥。利用此法攻击 DES,需要用 2^{47} 个选择明文和 2^{47} 次加密运算,比穷举搜索的工作量大大减小了。然而找到 2^{47} 个选择明文的要求使这种攻击只有理论上的意义。

除了差分分析外,还有一种有效的攻击法,即**线性分析法**,这是 Matsui 在 1993 年提出的,其基本思想是以最佳的线性函数逼近 DES 的非线性变换 S 盒,这是一种已知明文攻击方法,可以在有 2^{43} 个已知明文的情况下破译 DES。虽然获得已知明文比选择明文更容易,但线性分析作为一种攻击手段在实际上仍然不可行。

2.2.5　DES 在设计上的优点

1. 循环次数

在迭代密码中,循环次数越多,则对算法进行数学上的分析的难度就越大。但圈数过多会影响算法的效率,循环次数的选择准则是要使已知的密码分析方法工作量大于穷举搜索密钥的工作量,在 DES 的设计中采用的就是这种准则。对于 16 圈的 DES 来说,在已知明文攻击时,差分密码分析的运算次数为 2^{47},而穷举搜索攻击为 2^{55},前者比后者稍低。对低于 16 圈的 DES,差分分析比穷举攻击的工作量要小。虽然差分分析是一种有效的攻击方法,但它对 DES 的效用却不大,原因在于 IBM 的研究人员早在 1974 年就已经知道了差分分析的方法。因而采取了种种措施包括选择循环次数为 16 来防止这种方法奏效。

2. 雪崩准则

对于加密算法来说,为防止统计分析攻击,要求密文与明文及密钥之间的相关性越小越好。这一点直观地讲就是要求明文或密钥的一个比特的变化应该引起密文许多比特的改变(这种特性被称为雪崩效应)。如果变化太小,就可能找到一种方法减小待搜索的明文和密钥空间的大小。

DES 具有很强的雪崩效应。若给定两组只差一比特的明文 m_1,m_2,密钥 k,其中

$m_1 =$ 00000000 00000000 00000000 00000000 00000000 00000000 00000000 00000000

$m_2 =$ 10000000 00000000 00000000 00000000 00000000 00000000 00000000 00000000

$k =$ 0000001 1001011 0100100 1100010 0011100 0011000 0011100 0110010

表 2-5(a)中列出了两组明文使用同一密钥加密后的差别。在 16 圈循环结束后,两组密文有 34 bit 不同。

表 2-5 DES 的雪崩效应

(a)明文的变化		(b)密钥的变化	
循环次数	密文中不同 bit 数目	循环次数	密文中不同 bit 数目
0	1	0	0
1	6	1	2
2	21	2	14
3	35	3	28
4	39	4	32
5	34	5	30
6	32	6	32
7	31	7	35
8	29	8	34
9	42	9	40
10	44	10	38
11	32	11	31
12	30	12	33
13	30	13	28
14	26	14	26
15	29	15	34
16	34	16	35

若给定一组明文 m，两个只相差一比特的密钥 k_1，k_2，其中

$m =$ 01101000　10000101　00100111　01111010　00010011　01110110　11101011
　　　10100100

$k_1 =$ 1110010　1111011　1101111　0011000　0011101　0000100　0110001　1101100

$k_2 =$ 0110010　1111011　1101111　0011000　0011101　0000100　0110001　1101100

表 2-5(b)中列出了一组明文使用两个不同密钥加密后的差别。在 16 圈循环结束后，两组密文有 35 bit 不同。

3. 精巧的 S 盒和 P 盒

S 盒是 DES 中惟一的非线性部分，DES 体制的安全强度主要取决于 S 盒的特性，如非线性性、扩散特性、雪崩效应、差分特性等性质，而 S 盒可以用一组逻辑函数来实现，因此 DES 体制的安全强度的研究最终归于对一组逻辑函数的非线性性、扩散特性、雪崩效应、平衡性、差分特性等性质的研究。

DES 的 S 盒有以下特点：

- S 盒具有良好的非线性性，如果把输出的每一比特看作是全部输入比特的一个函数，那么这个函数是非线性的。
- S 盒的每一行包括所有 16 种 4 位二进制数。
- S 盒的两个输入相差 1 bit 时，输出相差 2 bit。
- 如果 S 盒的两个输入刚好在中间两个比特上不同，则输出至少有两比特不同。
- 如果两个输入前两位不同而后两位相同，则输出不同。
- 相差 6 bit 的输入共有 32 对，在这 32 对中有不超过 8 对的输出相同。

此外，S 盒还应该满足严格雪崩准则(strict avalanche criterion)：对于任何 i，j，当输入的第 i bit 发生变化(0→1 或 1→0)时，输出的第 j bit 变化的概率为 (1/2)。用数学方法产生的 S 盒，可以设计得使其具有可证明的抵抗差分分析和线性分析的能力。

为了增强算法的扩散特性，对置换 P 的设计也有一些准则：

- 第 i 次循环时从每个 S 盒输出的 4 个比特被分开，使其中的两个影响第 i +1 次循环的"中间比特"，而另外两个影响两端的比特。一个 S 盒输入的中间两个比特不和邻近的 S 盒共享。两端的比特是左端的两个比特和右端的两个比特，它们是和邻近的 S 盒共享的。
- 每个 S 盒的 4 个输出比特影响下一个循环的 6 个不同的 S 盒，并且任何两个都不会影响同一个 S 盒。
- 对于两个 S 盒 S_j，S_k，如果从 S_j 的一个输出比特影响下一个循环的 S_k 的

一个中间比特,那么 S_k 的一个输出比特就不能影响 S_j 的一个中间比特。这意味着对于 $j=k$,S_j 的一个输出比特一定不能影响 S_k 的一个输出比特。

DES 也许是根据 Shannon 的扩散和混乱原理进行密码设计的最好例子。它为商务通讯提供了一个高效的密码系统来保障商业机密,因而成为迄今为止得到最广泛应用的一种算法,也是一种最有代表性的分组密码体制。详细研究这一算法的基本原理、设计思想、安全性分析以及实际应用中的有关问题,对于掌握分组密码理论和实际应用都是很有价值的。

2.3 Feistel 结构——分组密码重要的设计原理

2.3.1 模型及参数选择

DES 的主要设计者 H. Feistel 提出,可以用乘积密码的概念近似简单地替代密码。**乘积密码**是指用一个相对简单的变换,经过多次迭代后组成一个较复杂的加密算法。Feistel 还指出可以用替代和置换相交替的方式构造乘积密码中的圈函数,这其实是 Shannon 提出的混乱和扩散思想的一种实现。

Feistel 提出的结构如图 2-11 所示,这种结构在分组密码的设计中起着非常重要的作用,被称为 Feistel 结构。

在 Feistel 结构中,加密算法的输入是一个长度为 $2w$ bit 的明文分组和一个密钥,明文被分为两部分 L_0 和 R_0,这两部分经过 n 轮的处理后组合起来产生密文分组。具体来讲,就是将一组明文分为两半,其中的一半用于修改另一半,然后将这两半交换,以便于在下一次迭代中没有变化的一半也得到改变。第 i 轮前一轮的 L_{i-1} 和 R_{i-1} 作为输入,初始密钥 k 产生的子密钥 k_i 也作为变量参与变换。一般来说,各个子密钥 k_i 不同于 k,它们之间也互不相同。

每一轮的结构都一样,对数据的左一半进行替代操作,替代的方法是对数据右边一半应用圈函数 F,然后用这个函数的输出和数据的左边一半作异或,圈函数在每一轮中有相同的结构,但是使用的子密钥不同。在替代之后,对两部分进行互换。

Feistel 结构包含以下设计参数:

• 分组大小:明文数据分组越长,则安全性越高,但分组过长时会影响加密/解密速度,因此在设计时必须折衷考虑密码体制的安全性和有效性,选择适当的分组长度。

• 密钥大小:密钥长度越长安全性越高,同时在设计子密钥产生器时要尽可能消除弱密钥,并使所有密钥出现的概率相同,以防止密钥穷举攻击奏效。但

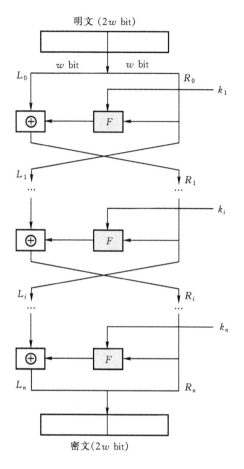

图 2 - 11　Feistel 结构

同样,密钥过长也会影响加密/解密速度,而且会给密钥的管理带来麻烦。

- 循环次数:Feistel 型密码的特点决定了一个循环并不能保证足够的安全性,因此需要进行多次迭代,循环次数的选择准则是要使已知的密码分析方法的工作量大于简单的穷举密钥搜索的工作量。
- 子密钥产生算法:这个算法应具有足够的复杂性。
- 圈函数 F:这是设计分组密码最主要的问题,圈函数的复杂性越高,抵抗密码分析的能力就越强。

2.3.2　S 盒的设计

在分组密码领域,最受关注的问题就是 S 盒的设计。前面我们已提到过 DES

的 S 盒的设计准则,下面讨论一些一般原理。从本质上说,我们希望 S 盒输入向量的任何变化对输出的影响看上去都是随机的。这两种变化之间的关系体现为一个非线性函数,并且难以用线性函数逼近。

一个 $n \times m$ 的 S 盒有 n 个输入比特和 m 个输出比特。DES 具有 6×4 的 S 盒。一般来说较大的 S 盒对于差分分析和线性分析的抵抗力更强。另一方面,S 盒越大,实现起来就越困难,通常将 n 限于 8 到 10。

通常一个 $n \times m$ 的 S 盒由 2^n 行的比特串组成,每行有 m 个数。n bit 的输入选中 S 盒的一行,该行的 m 个比特就是输出。例如,在一个 8×32 的 S 盒中,如果输入是 00001001,则输出就是第 9 行的 32 bit。

S 盒可通过以下方式产生:

- 随机产生:在产生 S 盒的各项时,使用某种伪随机数发生器或某个随机数码表。
- 带测试的随机产生:随机选择 S 盒的各项,然后依据各种准则测试所得的结果,丢弃那些没有通过测试的项。
- 人工产生:这是一种手工操作方式,DES 的设计采用的就是这种方式。对于较大的 S 盒,这种方法是比较困难的。
- 用数学方法产生:依据数学原理产生 S 盒。通过使用数学方法构造,S 盒可以被设计得具有抵抗各种密码分析的能力。

另外,还有随机产生 S 盒的一种变型:使用既依赖于随机因素又依赖密钥的 S 盒。第 4 章中要介绍的 Twofish 算法便是这样产生的,它从完全由伪随机数码组成的 S 盒开始,然后用密钥对其中的内容加以改变。依赖于密钥的 S 盒的一个很大优点是它们不固定,要通过事先分析 S 盒以找出其弱点几乎是不可能的。

2.4　分组密码的操作方式

分组密码算法每次加密固定长度的一组明文,而实际中待加密消息的数据量是不定的,数据格式可能是多种多样的,因此需要在已有的算法的基础上作一些变通,设计算法的各种操作方式/工作模式,灵活应用。另一方面,即使有了安全性较高的算法,也需要采用适当的运行模式来隐蔽明文的统计特性、数据格式等,以提高整体的安全性,降低删除、重放、插入和伪造成功的机会。为此,NSB 在[FIPS PUB 74]和[FIPS PUB 81]中规定了 DES 的四种基本工作模式,如表 2-6 中所示。下面我们以 DES 为例介绍这四种模式,当然除 DES 之外它们也适用于其它分组密码。

表 2 - 6 分组密码的运行模式

工作模式	加密方法	用途
电子密码本模式（ECB）	每个明文组独立地以同一密钥加密	单个数据
密码分组链接模式（CBC）	将前一组密文与当前明文组逐位异或后再进行分组、加密	加密、认证
密码反馈模式（CFB）	每次只处理 k bit 数据，将上一次的密文反馈到输入端，从加密器的输出中取 k bit，与当前的 k bit 明文逐位异或，产生相应密文	一般传送数据的流加密、认证
输出反馈模式（OFB）	类似于 CFB，以加密器输出的 k bit 随机数直接反馈到加密器的输入	对有扰信道传送的数据流进行加密（如卫星通信）

2.4.1 电子密码本

明文被分为 64 bit 的组，每次处理一组，所有的组都用同一密钥加密，如图 2 - 12 所示。

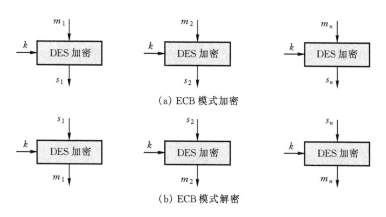

图 2 - 12 (a) ECB 模式加密；(b) ECB 模式解密

在给定密钥 k 时，各明文组 m_i 分别对应于不同的密文组 s_i，

$$s_i = E_k(m_i)$$

对于每个 64 bit 的明文分组就有一个惟一的密文组与之对应，m_i 有 2^{64} 种可能取值，s_i 也有 2^{64} 种可能取值。各 (m_i, s_i) 相互独立，构成一个巨大的代替表，故称为"电子密码本 ECB(Electronic Code Book)"模式。

填充与指示符

给定消息的长度是随机的，按 64 bit 分组时，最后一组消息长度可能不足 64 bit。此时要填充一些数字凑够 64 bit。可以全部填上 0，不过用随机选取的数字更安全些。为了让接收者能区分正确消息与填充的无用数字，需要加上指示信息。通常用最后 8 位（1 字节）作为填充指示符 PI(Padding Index)。它所表示的十进制数字就是填充数字所占的字节数。数据尾部、填充字符和填充指示符一共凑够 64 bit，作为一组明文进行加密，见图 2-13。

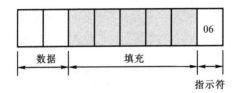

图 2-13　填充与指示符

ECB 模式的缺点是：在给定的密钥下同一明文组总产生相同的密文组，这相当于一个巨大的单表代替密码，容易暴露明文数据的格式和统计特征。在实际应用中，明文数据都有固定的格式，重要的数据常常在同一位置出现。其最薄弱的环节是消息的起始部分，其中包括格式化报头，内含通信地址、作业号、发报时间等信息。在 ECB 模式下，所有这些特征都将被反映到密文中，使密码分析者可以对其进行统计分析、重放和代换攻击。

尽管如此，对于数据量较小的信息，ECB 仍不失为一种理想的加密方式。

ECB 的缺点是由于将各组明文消息独立处理，从而使密码分析者可以按组进行分析。为了克服这一缺点，人们又提出了链接等模式。

2.4.2　密码分组链接

为克服 ECB 的安全性缺陷，人们希望设计一种方法，使得同一个明文分组重复出现时会产生不同的密文分组，做到这一点的一种简单方法是采用密码分组链接 CBC(Cipher Block Chaining)模式。如图 2-14，在这种方案中，加密算法的输入是当前的明文分组与上一组密文的按位异或；对每个分组使用相同的密钥。在 CBC 模式下，有

$$s_i = E_k(m_i \oplus s_{i-1})$$

各密文组 s_i 不仅与当前明文组有关，而且由于链接作用还与以前的明文组 m_1，$m_2, \cdots, m_{i-1}$ 有关。

对于第一组明文，使用一个初始向量 IV 与其进行异或，于是，$s_1 = E_k(m_1 \oplus IV)$。一般将 IV 作为一个秘密参数，可以采用 ECB 方式加密后送给收方。

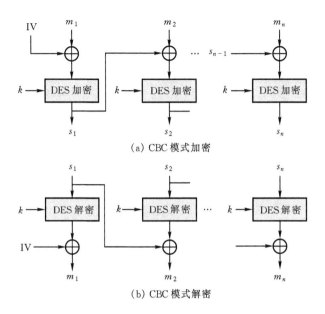

图 2-14　(a) CBC 模式加密；(b) CBC 模式解密

错误传播

CBC 模式通过反馈使输出密文与以前的各组明文都相关，从而实现了隐蔽明文数据格式的目的。在 ECB 中，当密钥相同时，相同的密文必对应相同的明文，而对于 CBC，在密钥相同时，相同的密文不一定对应相同的明文。所以，CBC 可以防止类似于对 ECB 的统计分析攻击法。但 CBC 由于反馈的作用而对线路中的差错比较敏感，会出现**错误传播**（Error Propagation）。

对于 ECB 模式，某一组密文 s_i 发生错误，会影响该组的解密结果，并且由于 DES 算法的混乱和扩散特性，使解密结果与对应明文差别较大。而在 CBC 模式下，传输或存储过程中某一组密文发生变化，不仅影响该组的解密结果，还会波及到其后一组 s_{i+1} 的解密结果，但再后面的组不受影响。

2.4.3　密码反馈

若待加密消息必须按字符或比特处理，可采用密码反馈 CFB（Cipher Feedback）模式。见图 2-15。

在 CFB 模式中，加解密是以流密码的方式进行的，DES 在这里被用作一个密钥发生器，而对明文的加密方法是直接与密钥按位异或。系统在初始化时，将一个 64 bit 的初始向量 IV 放入移位寄存器中，同时该向量作为 DES 加密函数的输入，经 DES 算法加密后，输出的左边 j bit 作为密钥与 j bit 明文按位异或，右边的

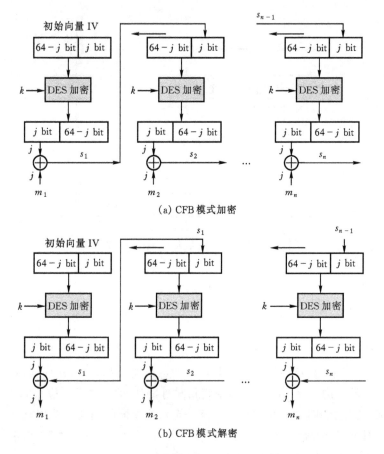

（a）CFB 模式加密

（b）CFB 模式解密

图 2-15　（a）CFB 模式加密；（b）CFB 模式解密

（64-j）bit 丢弃。一次加密 j bit 明文,产生的 j bit 密文反馈到移位寄存器的右端,而原先的 64 bit 向量左移 j bit。解密时采用相同的方案产生密钥与密文按位异或。

CFB 模式的优点是它特别适于用户数据格式的需要。在密码体制的设计中,应尽量避免更改现有系统的数据格式和一些规定,这是一个重要的设计原则。CFB 和 CBC 一样,由于反馈的作用能隐蔽明文的数据图样,也能检测出对手对密文的篡改。CFB 模式存在错误传播。

2.4.4　输出反馈

与 CFB 模式类似,输出反馈 OFB(Output Feedback)模式也将 DES 作为一个密钥流发生器,对明文的加密以流密码的方式进行。不同的是,DES 加密的输出中,前 j bit 不仅用作加密明文的密钥,而且直接反馈至输入端,用以产生加密下一组的密钥。如图 2-16 所示。

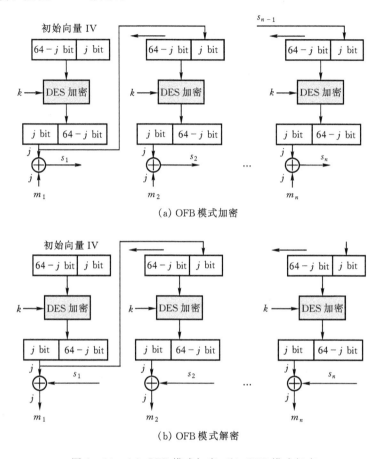

(a) OFB 模式加密

(b) OFB 模式解密

图 2-16　(a) OFB 模式加密;(b) OFB 模式解密

　　这一模式的引入是为了克服 CBC 和 CFB 的错误传播所带来的问题。由于语音或图像编码信号的冗余度较大,可容忍传输和存储过程中产生的少量错误,但 CBC 或 CFB 中错误传播的效应可能使偶然出现的孤立错误扩大化而造成难以容忍的噪声。

　　这种密钥反馈流加密方式虽然克服了错误传播,但同时引入了流密码的缺点,即难以检测对于密文的篡改。因此 OFB 模式多用于同步信道,对手不易得知消息的起止点,从而无法进行主动攻击。

　　这四种基本模式可适应大多数应用,它们都不太复杂而且都未降低系统的安全性。也有人为了增加安全性而设计出了更复杂的模式,但都未得到广泛应用。

习　题

1. 分组密码与序列密码的主要区别是什么？

2. 解释混乱与扩散的含义。

3. 在分组密码中，S 盒起什么作用？

4. 解释什么是雪崩效应？

5. 在 DES 的密钥生成算法中，初始置换有何作用？两个左移运算有何作用？

6. 证明 DES 解密算法与加密算法的互逆性。

7. 什么是差分分析？什么是线性分析？

8. 什么是弱密钥？什么是半弱密钥？它们对密码体制的安全性有何影响？

9. Feistel 密码模型有哪些主要参数？

10. Feistel 型分组密码的变换规则是什么？试分析其优点。

11. 简述分组密码的四种工作方式。

12. 如果在传输中出现一比特错误，使用分组密码的四种方式时分别影响到多少比特的解密结果。

13. 设 π 表示整数集合 $\{0,1,2,\cdots,2^n-1\}$ 的一个置换，$\pi(m)$ 表示 m 的置换值，其中 $0 \leqslant m \leqslant 2^n - 1$。若存在 m 满足 $\pi(m) = m$，则称 π 有一个不动点 m，如果 π 是一个加密映射，则不动点意味着一段消息加密后仍为它本身。证明多于 60% 的置换至少有一个不动点。

第3章 近世代数基础

3.1 群、环、域的基本概念

3.1.1 群

1. 概念

定义 3-1 给定一集合 $G=\{a,b,\cdots\}$ 和该集合上的运算"$*$",满足下列条件的代数系统 $\langle G,*\rangle$ 称为群，G 中元素个数 $|G|$ 称为群 G 的阶。

(1) 封闭性：若 $a,b\in G$，则存在 $c\in G$，使 $a*b=c$；

(2) 结合律：对任意 $a,b,c\in G$，有 $(a*b)*c=a*(b*c)$；

(3) 存在一单位元：存在 $e\in G$，对任意 $a\in G$，有 $a*e=e*a=a$；

(4) 存在逆元：对任意 $a\in G$，存在 $b\in G$，使 $a*b=b*a=e$，则称 b 为 a 的逆元，表示为 $b=a^{-1}$。

如果运算在 G 内还满足交换律，即对任意 $a,b\in G$，有 $a*b=b*a$，则称 $\langle G,*\rangle$ 为可交换群，也叫阿贝尔(Abel)群。

例 3-1 整数集合 **Z** 对普通加法构成的代数系统 $(\mathbf{Z},+)$，结合律成立，有单位元 0，任意一个元素 x 的逆元是 $-x$，所以 $(\mathbf{Z},+)$ 是群。类似地，$(\mathbf{Q},+)$，$(\mathbf{R},+)$，$(\mathbf{C},+)$ 也是群。

但对普通乘法"$\cdot$"来说，$(\mathbf{Z},\cdot)$ 不是群，因为除 1 和 -1 外，其它元素均无逆元。

例 3-2 设 $\omega=a_1a_2\cdots a_n$ 是一个 n 位二进制数码，称为一个码词。S 是由所有这样的码词构成的集合，即 $S=\{\omega=a_1a_2\cdots a_n\mid a_i=0$ 或 $1,i=1,2,\cdots,n\}$。

设 $\omega_1=a_1a_2\cdots a_n,\omega_2=b_1b_2\cdots b_n$，在 S 中定义二元运算 $+$：$\omega_1+\omega_2=c_1c_2\cdots c_n$，其中 $c_i\equiv(a_i+b_i)\bmod 2,i=1,2,\cdots,n$，则 $(S,+)$ 是一个群。

例 3-3 设 $G=\{0,1,\cdots,p-1\}$，p 是一素数，则 G 关于模 p 乘法构成阿贝尔群。

给定一个群 G，对任意 $a\in G$ 和自然数 n，有 $a^n=\overbrace{a\cdots a}^{n}$。

2. 群的性质

(1) 单位元 e 是惟一的

(2) 设 $a,b,c\in G$，若 $ab=ac$，则 $b=c$；若 $ab=cb$，则 $a=c$

(3) 群中每一元素只有惟一的一个逆元

定义 3-2　设 G 为群，对任意 $a\in G$，使 $(a)^n=(aa\cdots a)=e$ 成立的最小正整数 n 称为元素 a 的阶。

定理 3-1　若群 G 是有限群，则 G 中每一元素的阶都是有限的。

3. 子群、陪集和 Lagrange 定理

定义 3-3　设 $\langle G,*\rangle$ 是一群，H 是 G 的一个子集，如果 $\langle H,*\rangle$ 也构成一个群，则称 H 是 G 的一个子群。

例 3-4　偶数加群是整数加群的子群。

例 3-5　设 m 为整数，用 Z_m 表示 m 的所有倍数构成的集合，则 Z_m 关于整数的加法运算构成一个群，并且这个群是整数群的子群。

定义 3-4　设 H 是 G 的子群，$g\in G$，称 $gH=\{ga\,|\,a\in H\}$ 为 H 的一个左陪集。

例 3-6　$m=5,G=\{0,5,-5,10,\cdots\}$，$G$ 为 **Z** 的加法子群。

取 $g=1\in\mathbf{Z}$，则 $g+G=\{1,6,-4,11,\cdots\}$

取 $g=2\in\mathbf{Z}$，则 $g+G=\{2,7,-3,12,\cdots\}$

取 $g=3\in\mathbf{Z}$，则 $g+G=\{3,8,-2,13,\cdots\}$

取 $g=4\in\mathbf{Z}$，则 $g+G=\{4,9,-1,14,\cdots\}$

如果将所有陪集的集合记作 R_5，用 $\bar{i}(0\leqslant i\leqslant 4)$ 表示一个陪集，则 $R_5=\{\bar{0},\bar{1},\bar{2},\bar{3},\bar{4}\}$，$\bar{i}$ 代表了除以 5 余数为 i 的所有整数，称为一个等价类。

陪集的性质：

(1) 陪集中的元素个数都相同。

(2) 两个陪集或者相等，或者不相交。

(3) 群 G 中的元素可以按子群 H 划分为等价类，设等价类的个数为 d，则 $d\,|H|=|G|$。

定理 3-2(Lagrange)　若 $\langle H,*\rangle$ 是 $\langle G,*\rangle$ 的子群，设 G 的阶为 n，H 的阶为 m，则有 $m\,|\,n$。

3.1.2　环和域

1. 基本概念

定义 3-5　设 F 是至少含有两个元素的集合，F 中定义了两种运算"＋"和

"·",如果代数系统⟨F,＋,·⟩满足以下三个条件,则称其为环。

(1) R 关于加法构成交换群;

(2) 乘法满足封闭性;

(3) 乘法满足结合律;

(4) 分配律:对于任意 $a,b,c \in R, a \cdot (b+c) = a \cdot b + a \cdot c$ 和 $(a+b) \cdot c = a \cdot c + b \cdot c$ 总成立。

例 3-7 实数上所有 n 阶方阵关于矩阵的加法和乘法构成一个环。

例 3-8 系数为实数的所有多项式关于多项式加法和乘法构成环。

定义 3-6 如果环中乘法满足交换律,则称该环为可交换环。

例 3-9 全体偶数集合关于整数加法和乘法构成交换环。

定义 3-7 如果交换环还满足以下性质,则称其为整环。

(1) 乘法单位元:R 中存在元素 1,使得对于任意 $a \in R$,有 $a1 = 1a = a$ 成立;

(2) 无零因子:如果存在 $a,b \in R$,且 $ab = 0$,则必有 $a = 0$ 或 $b = 0$。

定义 3-8 设 F 是至少含有两个元素的集合,F 中定义了两种运算"＋"和"·",如果代数系统⟨F,＋,·⟩满足以下三个条件,则称其为域。

(1) F 是一个整环;

(2) 有乘法逆元:对于任意 $a \in F$,存在 $a^{-1} \in F$,使得 $a \cdot a^{-1} = a^{-1} \cdot a = 1$ 成立。

例 3-10 实数的全体、复数的全体,关于通常的加法、乘法都构成域,分别称为实数域和复数域。

例 3-11 若 p 是素数,则 $F = \{0,1,\cdots,p-1\}$ 关于模 p 加法和模 p 乘法构成域。

图 3-1 体现了群、环、域之间的关系。

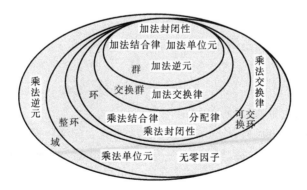

图 3-1 群、环、域的关系

3.2　模运算

给定任意一个正整数 n 和任意整数 a，有 $a=qn+r$，这里 q 为整数，r 是小于 n 的非负整数，称为剩余。如果 a 除以 n 所得的余数为 r，则可记为 $r\equiv a \bmod n$，称为 r 与 n 模 a 同余，此时有 $r=(a \bmod n)$。

同余有以下性质：

(1) $a\equiv b \bmod n \Leftrightarrow n|(a-b)$；

(2) $a \bmod n = b \bmod n \Leftrightarrow a\equiv b \bmod n$；

(3) 对称性：$a\equiv b \bmod n \Leftrightarrow b\equiv a \bmod n$；

(4) 传递性：若 $a\equiv b \bmod n$ 且 $b\equiv c \bmod n$，则有 $a\equiv c \bmod n$。

模运算将所有整数映射到集合 $\{0,1,2,\cdots,n-1\}$，可在该集合内进行算术运算：

(1) $[(a \bmod n)+(b \bmod n)] \bmod n=(a+b) \bmod n$

(2) $[(a \bmod n)-(b \bmod n)] \bmod n=(a-b) \bmod n$

(3) $[(a \bmod n)\times(b \bmod n)] \bmod n=(a\times b) \bmod n$

利用这些性质，在某些情况下，可以使运算量大大减少。

例 3-12　计算 $2^{64} \bmod 2003$

根据性质(3)，两个数相乘再取模，等于它们分别取模再相乘，这样可以使所有的中间结果都小于 2003，从而大大简化计算。

计算过程如下：

$2^2=4 \bmod 2003$

$2^4=16 \bmod 2003$

$2^8=256 \bmod 2003$

$2^{16}=65536\equiv 1440 \bmod 2003$

$2^{32}=1440^2\equiv 495 \bmod 2003$

$2^{64}=495^2\equiv 659 \bmod 2003$

只需计算 6 次乘法，3 次除法即可。

定义 3-9　如果 $ab\equiv 1 \bmod n$，则 a、b 互为模 n 的乘法逆元。

取模运算满足：交换律、结合律、分配律、每一元素有逆元。

注：取模运算不满足消去律，即如果 $ab\equiv ac \bmod n$，则不一定有 $b\equiv c \bmod n$。

当且仅当 $\gcd(a,n)=1$ 时，才有 $b\equiv c \bmod n$，所以，如果任意非零整数均存在模 n 的乘法逆元，则 n 必须为素数。

3.3　欧几里得算法

欧几里得算法,又叫辗转相除法,是数论中的一项基本技术,它通过一个简单的过程来确定两个正整数 a,b 的最大公因数 $\gcd(a,b)$。如果 a 与 b 互素,则可根据欧几里得算法求出 $a \bmod b$ 以及 $b \bmod a$ 的乘法逆元。

3.3.1　计算两个数的最大公因数

最大公因数有以下性质:

定理 3 - 3　对任何非负整数 a 和 b,有

$$\gcd(a,b) = \gcd(b, a \bmod b) \tag{1}$$

证明　若 d 是 a 和 b 的最大公因数,则对于其它的公因数 c,有 $c \mid d$,即最大公因数是所有公约数的倍数。

设 $a = bq + r, 0 \leqslant r < b$,并且设 $(b,r) = d_1$,则由 $d_1 \mid r, d_1 \mid b$,得 $d_1 \mid a$,故 $d_1 \mid d$,而由 $d \mid a, d \mid b$,得 $d \mid r$,故 $d \mid d_1$,所以 $d_1 = d$。　　　　　　证毕

重复使用(1)式可求两个数的最大公因数。

例 3 - 13　$(56,72) = (56,16) = (16,8) = 8$

求 $\gcd(a,b)$ 时,可进行下列辗转相除运算

$$a = q_1 b + r_1$$
$$b = q_2 r_1 + r_2$$
$$r_1 = q_3 r_2 + r_3$$
$$\cdots$$
$$r_{k-1} = q_{k+1} r_k$$

直至能整除为止。此时 r_k 即为 a 和 b 的最大公因数。

算法:Euclid(d,f)

```
x←d, y←f
if  y＝0,  then  return  x＝(d,f)
else  r＝x mod y;
       x←y;
       y←r。
```

例 3 - 14　求 $\gcd(1970, 1066)$

令 $a = 1970, b = 1066$

$1970 = 1 \times 1066 + 904$

$1066 = 1 \times 904 + 162$

$904 = 5 \times 162 + 94$

...

$10 = 1 \times 6 + 4$

$6 = 1 \times 4 + 2$

$4 = 2 \times 2$

因此,$\gcd(1970, 1066) = 2$

3.3.2　乘法逆元的计算

若 $\gcd(a, b) = 1$,则存在 c,满足 $ac \equiv 1 \bmod b$,c 即为 a 模 b 的乘法逆元。可利用辗转相除法求得满足条件的 c。

例 3 - 15　$\gcd(28, 81) = 1$

$81 \times = 2 \times 28 + 25$

$28 = 1 \times 25 + 3$

$25 = 8 \times 3 + 1$

$1 = 25 - 8 \times 3$

　　$= 25 - 8 \times (28 - 25)$

　　$= (-8) \times 28 + 9 \times 25$

　　$= (-8) \times 28 + 9 \times (81 - 2 \times 28)$

　　$= 9 \times 81 + (-26) \times 28$

因此,$81 \times 9 \equiv 1 \bmod 28$

3.4　有限域 $GF(p)$ 上的多项式

当 p 为素数时,$F = \{0, 1, \cdots, p-1\}$ 在 $\bmod p$ 的意义下关于加法和乘法运算构成的域用 $GF(p)$ 或 F_p 表示。写作"GF"是为了纪念近世代数理论的创建者,天才的数学家 Galois。

设 k 为自然数,有限域 $GF(p)$ 上 k 次多项式的一般形式为:

$$p(x) = a_0 + a_1 x + \cdots + a_k x^k, \ a_i \in F, \ a_k \neq 0, \ i = 0, 1, 2, \cdots, k$$

如果 F 中元素个数为 p,则不同的多项式 $p(x)$ 个数为 p^{k+1},从这个意义上说,可认为 $p(x)$ 和 $k+1$ 位 p 进制数 $a_k a_{k-1} \cdots a_1 a_0$ 一一对应。若 p 是素数,系数在 $GF(p)$ 中的全体多项式构成一个环,记作 $F_p[x]$。

$F_p[x]$ 中的多项式具有与整数类似的性质:

(1) 多项式之间可以进行加、减、乘、除运算;

(2) 对于任意 $p(x), q(x) \in F_p[x]$,且 $p(x)$ 的次数高于 $q(x)$ 的次数,存在多

项式 $r(x),s(x) \in F_p[x]$,使得

$$p(x) = s(x)q(x) + r(x), \partial \circ r(x) < \partial \circ q(x) \text{ 或 } r(x) = 0;$$

其中 ∂ 为多项式的次数

(3) 如果 $p(x)$ 不能表示为 $F_p[x]$ 中两个非常数多项式之积,则称 $p(x)$ 在 $F_p[x]$ 上不可约(既约);

(4) 两个多项式有最大公因式,可利用辗转相除法求出;

(5) 若两个多项式 $p(x),q(x)$ 无非平凡公因式,则称它们互素。此时存在多项式 $a(x),b(x) \in F_p[x]$,使得 $p(x)a(x) + q(x)b(x) = 1$。

设 $m(x)$ 是 $F_p[x]$ 上的 n 次不可约多项式,则 $F_p[x]$ 中的全体多项式在模 $m(x)$ 的意义下可以分为同余类,这些同余类的全体用 $F_p[x]/m(x)$ 表示。关于多项式模 $m(x)$ 的加法和乘法运算,$F_p[x]/m(x)$ 构成元素个数为 p^n 的域,用 $GF(p^n)$ 表示。

习　题

1. 分别给出群、环、域的简单例子。

2. 设 S_n 是由 n 个元素的所有置换构成的群,

   (1) S_n 中有多少个元素?

   (2) 说明当 $n>2$ 时,S_n 不是交换群。

3. 集合 S 上的加法和乘法定义如下:

+	a	b
a	a	b
b	b	a

$\cdot$	a	b
a	a	a
b	a	b

判断 $(S,+,\cdot)$ 是否构成环,并证明。

4. 模运算与普通运算的差别是什么?

5. 整数模 3 的剩余类组成的集合对于加法和乘法是否能构成群?

6. 计算:$2007 \bmod 39$, $(-375) \bmod 21$

7. 找出当 $m=28, 33, 35$ 时,在 Z_m 上的所有可逆元素。

8. 求 Z_7 中各非零元素的乘法逆元。

9. 求 $\gcd(5837,115)$, $\gcd(3688,21036)$

10. 用 Euclid 算法求下列乘法逆元

    (1) 1234 mod 4321

    (2) 41 mod 409

    (3) 17 mod 101

11. 对于系数在 Z_{10} 上取值的多项式,分别计算:

    (1) $(7x+2)-(x^2+5)$

    (2) $(6x^2+x+3)*(5x^2+2)$

12. 证明:

    (1) $\left[(a \bmod n)+(b \bmod n)\right] \bmod n=(a+b) \bmod n$

    (2) $\left[(a \bmod n)-(b \bmod n)\right] \bmod n=(a-b) \bmod n$

    (3) $\left[(a \bmod n)\times(b \bmod n)\right] \bmod n=(a\times b) \bmod n$

13. 证明 $a \bmod m=a-\lfloor \frac{a}{m} \rfloor$,这里 $\lfloor x \rfloor=\max\{y\in Z: y\leqslant x\}$。

14. 证明任意十进制整数 N 和它的各位数字之和模 9 同余。如 $367\equiv 3+6+7\equiv 16\equiv 7 \bmod 9$。

15. 设 $m=qn+r$,其中 $q>0, 0\leqslant r<n$,证明 $m/2>r$。

16. 证明由系数在有限域 $GF(p)$ 上的多项式集合构成一个环。

17. Euclid 算法已经有 2000 多年的历史并一直被数论学者们公认为最佳算法,1961 年 Stein 发明了一种类似算法,该算法求 $\gcd(A,B), A,B\geqslant 1$ 的过程如下。

令 $A_1=A, B_1=B, C_1=1$

第 n 步   (1) 若 $A_n=B_n$,则返回 $\gcd(A,B)=A_n C_n$

          (2) 若 A_n 和 B_n 均为偶数,则令 $A_{n+1}=A_n/2, B_{n+1}=B_n/2, C_{n+1}=2C_n$

          (3) 若 A_n 是偶数且 B_n 是奇数,则令 $A_{n+1}=A_n/2, B_{n+1}=B_n, C_{n+1}=C_n$

          (4) 若 A_n 是奇数且 B_n 是偶数,则令 $A_{n+1}=A_n, B_{n+1}=B_n/2, C_{n+1}=C_n$

          (5) 若 A_n 和 B_n 均为奇数,则令 $A_{n+1}=|A_n-B_n|, B_{n+1}=\min(B_n, A_n)$, $C_{n+1}=C_n$

继续第 $n+1$ 步

    (a) 证明若 Stein 算法在第 n 步前没有终止,则 $C_{n+1}\times\gcd(A_{n+1}, B_{n+1})=C_n\times\gcd(A_n, B_n)$;

    (b) 证明若 Stein 算法在第 $n+1$ 步前没有终止,则 $A_{n+2}B_{n+2}\leqslant\frac{A_n B_n}{2}$;

    (c) 证明若 $1\leqslant A,B\leqslant 2^N$,则 Stein 算法至多需要 $4N$ 步就能求出 $\gcd(A,B)$;

    (d) 证明 Stein 算法的返回值确实是 $\gcd(A,B)$。

第 4 章 AES 及其它分组密码算法

4.1 高级加密标准 AES

4.1.1 背景及算法概述

1997 年,美国国家标准技术研究所(NIST)发起了征集先进加密标准 AES (Advanced Encryption Standard)的活动,目的是确定一个美国政府 21 世纪应用的数据加密标准,以替代原有的加密标准 DES。对 AES 的基本要求是比三重 DES 快而且至少与三重 DES 一样安全,数据分组长度为 128 bit,密钥长度为 128、192 和 256 bit。

1998 年,NIST 宣布接受 15 个候选算法并提请全世界的密码研究界协助分析这些候选算法,经考察,选定 MARS、RC6、Rijndael、SERPENT 和 Twofish 五个算法参加决赛。NIST 对 AES 评估的主要准则是安全性、效率和算法的实现特性,其中安全性是第一位的,候选算法应当抵抗已知的密码分析方法,如针对 DES 的差分分析、线性分析、相关攻击等。在满足安全性的前提下,效率是最重要的评估因素,包括算法在不同平台上的计算速度和对内存空间的需求。算法的实现特性包括灵活性等,如在不同类型的环境中能够安全和有效地运行,可以作为序列密码、Hash 算法实现。此外,算法必须能够用软件和硬件两种方法实现。在决赛中,Rijndael 从 5 个算法中脱颖而出,最终被选为新的加密标准。

设计 Rijndael 的是两位比利时密码专家,一位是"国际质子世界"(Proton World International)公司的 Joan Daemen 博士,另一位是利文 Katholieke 大学电器工程系的 Vincent Rijmen 博士。他们在这之前曾设计了 Square 密码,Rijndael 是 Square 算法的改进版。

Rijndael 的主要特征如下:

(1) Rijndael 是一种迭代型分组密码,数据分组长度和密钥长度都可变,并可独立地指定为 128、192 或 256 bit。随着分组长度不同,迭代圈数也不同,如果用 N_b 表示数据分组长度/32,N_k 表示密钥分组长度/32,N_r 表示圈数,则圈数和数据规模的关系如表 4-1 所示。

表 4-1　圈数与数据规模的关系

N_r	$N_b=4$	$N_b=6$	$N_b=8$
$N_k=4$	10	12	14
$N_k=6$	12	12	14
$N_k=8$	14	14	14

（2）Rijndael 中的所有运算都是针对字节的,因此可将数据分组表示成以字节为单位的数组。

（3）与 DES 不同,Rijndael 没有采用分组密码设计中常用的 Feistel 网络结构,而是采用了宽轨迹策略（Wide Trail Strategy）,这是一种针对差分分析和线性分析的设计方法。

4.1.2　算法细节

1. 主要运算

Rijndael 中的运算以字节为单位,把字节看作二元向量时,可以用 $GF(2^8)$ 中的多项式表示,因此整个算法可以用域运算来描述。

一个字节 $a=(a_7,a_6,a_5,a_4,a_3,a_2,a_1,a_0)$, $a_i \in \{0,1\}$, $i=0,1,\cdots,7$,可以用 $GF(2^8)$ 中的多项式表示为

$$a_7x^7+a_6x^6+a_5x^5+a_4x^4+a_3x^3+a_2x^2+a_1x+a_0$$

这里的"+"指模 2 加。用这种方法,可以将所有的字节都表示为多项式的形式,并据此定义多项式的加法,即对应项系数模 2 加。

在多项式表示中,$GF(2^8)$ 中的乘法与模 $GF(2)$ 上的一个 8 次不可约多项式 $m(x)$ 的多项式乘法一致,具体地说,就是选择一个不可约多项式 $m(x)$,两个多项式 $a(x)$ 与 $b(x)$ 相乘是指先进行多项式的一般乘法,再模 $m(x)$ 取余式。在 Rijndael中,

$$m(x)=x^8+x^4+x^3+x+1$$

类似地,还可定义多项式的求逆运算。多项式 $a(x)$ 的逆是指若存在 $b(x)$,满足 $a(x)b(x)=1 \bmod m(x)$,则 $b(x)$ 即为 $a(x)$ 的逆。记作 $a^{-1}(x)=b(x) \bmod m(x)$。

算法中还有一类运算定义在 4 个字节之上,4 个字节称为一个字,可以用一个次数小于 4 的 $GF(2^8)$ 上的多项式表示。此时进行多项式相乘时要模一个 4 次多项式 $M(x)$ 取余式,$M(x)=x^4+1$。

3. 实现

Rijndael 密码结构简单,没有复杂的运算,在通用处理器上用软件实现非常快。对于硬件,该密码适合在多种处理器和专用硬件上有效地实现。由于运算是针对字节的,因而可以在 8 位处理器上通过编程来实现各个环节。对于 ByteSub,需要建立一个 256 字节的表,该运算即为查表运算。ShiftRow 是简单的移位运算。MixColumn 是 $GF(2^8)$ 中的矩阵乘法,而乘法运算可以转化为移位和加法的合成。密钥扩展可以在一个循环缓存器中实现,在圈之间更新子密钥,密钥更新过程中的所有运算可以以字节为单位有效地进行实现。用 32 位处理器实现时,变换的不同步骤可以组合成单个集合的查表,从而使速度更快。

Rijndael 密码适合用专用芯片实现。对硬件实现的需求很可能局限于两种特殊情形:

- 速度相当高且没有芯片规模限制。
- 提高加密执行速度的智能卡上的微型协处理器。

由于 Rijndael 的加密和解密运算不一致,因此,实现加密的硬件不能自动支持解密运算,而只能为解密提供部分帮助。

综上所述,Rijndael 密码之所以被选为新的加密标准,是因为它具有以下几个优点:

- 安全性,这不仅体现在密钥长度远远大于 DES,而且其在设计的过程中充分考虑了现有的密码分析方法,避免了可能存在的弱点。NIST 对 AES 安全性的要求是没有任何针对决赛算法的攻击报告,Rijndael 显然符合这个要求。
- 简单的设计思想和复杂的数学公式并存,这在满足安全性要求的同时,提供了使用上的有效性,它是一种用软件和硬件都很容易实现的算法。
- 灵活性,这主要体现在数据分组长度和密钥长度均可独立地变化,以及圈数也可随着应用环境不同而改变。

4.2　三重 DES 及其它分组密码算法

本节介绍几个当前使用的最重要的分组密码体制,包括三重 DES,IDEA,Twofish,RC5 与 RC6 等算法。

4.2.1　三重 DES

长期以来,DES 的 56 bit 密钥长度成为人们对其安全性最大的疑点,为了提高安全性,人们对 DES 的使用方式作了一些改进,产生了双重及三重加密的方式。

1. 双重 DES

增强 DES 的一种方式是采用多个密钥用 DES 算法对明文进行多次加密。例如可用两个密钥 k_1, k_2，对明文 m 进行两次加密得到密文

$$s = E_{k_2}(E_{k_1}(m)) \tag{1}$$

接收端经两次解密后得到明文

$$m = D_{k_1}(D_{k_2}(s)) \tag{2}$$

两次加密后，相当于使用了 112 bit 的密钥，因此从表面上看安全性大大加强了。但是经过进一步分析，会发现这种方案存在安全上的隐患。

首先，如果对于任意给定的两个密钥 k_1, k_2，能找到一个密钥 k_3，使

$$E_{k_2}(E_{k_1}(m)) = E_{k_3}(m) \tag{3}$$

则进行两次或多次加密将变得毫无意义，都等价于用 56 bit 密钥的一次加密。1992 年，Campbell 等证明了 DES 算法不构成群，这意味着式（3）不可能成立，因而多重加密对于 DES 是有意义的。但是这并不表明两重 DES 的加密强度等价于 112 bit 密钥的密码的强度。因为用中间相遇攻击法（Meet-in-the-Middle attack）可以降低密钥搜索量。

中间相遇攻击法最早由 Diffie 和 Hellman 提出，其基本思想如下。

若有明文密文对 (m_i, s_i) 满足

$$s_i = E_{k_2}(E_{k_1}(m_i))$$

则可得

$$z = E_{k_1}(m_i) = D_{k_2}(s_i)$$

因而对给定的明密文对 (m_1, s_1)，可以设计如下的攻击方法：

第一步，以密钥 k_1 的所有 2^{56} 个可能的取值对此明文加密，并将密文存储在一个表中；

第二步，从所有可能的 2^{56} 个密钥 k_2 中依任意次序选出一个对给定的密文 s_1 解密，并将每次解密结果 z' 在上述表中查找相匹配的值，一旦找到，则可确定出两个密钥 k_1 和 k_2；

第三步，用这一对密钥 k_1 和 k_2 对另一已知明密文对 (m_2, s_2) 中的明文 m_2 进行加密，如果能得出相应的密文 s_2，就可确定 k_1 和 k_2 是所要找的密钥。

对于给定的明文 m，以双重 DES 加密将有 2^{64} 个可能的密文。而可能的密钥数为 2^{112} 个，所以，在给定明文下，将有 $2^{112}/2^{64} = 2^{48}$ 个密钥能产生给定的密文。因此，上述方法第二步中，对于给定的明密文对 (m, s)，将有 2^{48} 对组合满足条件，其中只有一个是对的，产生 $2^{48}-1$ 种虚警。经第三步，即用另一对 64 bit 明密文对进行检验，就使虚警率降为 $2^{48-64} = 2^{-16}$。就是说，对于双重 DES，用中间相遇攻击法以已知明密文对进行攻击时，经过上述三步后，找到正确密钥的概率为 $1-2^{-16}$。

这一攻击法所需的存储量为 $2^{56} \times 8$ 字节,最大试验的加密次数为 $2 \times 2^{56} = 2^{57}$,这说明破译双重 DES 的难度为 2^{57} 量级。事实上,中间相遇攻击可以看作是一种用存储空间换取时间的方法。

2. 三重 DES

鉴于中间相遇攻击的有效性,人们提出了三重 DES 的加密方案。Hoffman 在 1977 年提出用三个密钥进行三次加密(EEE)的方法,称为 Triple-DES,这种加密的密钥长度达 $3 \times 56 = 168$ bit,将已知明文攻击的穷举次数增大为 2^{112}。这种方法目前尚无实际应用。

更为常见的是 Tuchman 提出的用两个密钥 k_1, k_2 实施三重加密的方案(EDE),先以 k_1 对明文加密,而后以 k_2 解密,最后再以 k_1 加密,即

加密: $s = E_{k_1}(D_{k_2}(E_{k_1}(m)))$

解密: $m = D_{k_1}(E_{k_2}(D_{k_1}(s)))$

第二个步骤使用解密并没有密码编码上的意义,它惟一的优点是可以使三重 DES 的用户解密使用原来的单次 DES 用户所加密的数据,如果 $k_1 = k_2$,这种方案就等价于用 k_1 的一次加密。

使用两个密钥的三重 DES 是一种较受欢迎的 DES 替代方案,它已被用于密钥管理标准 ANSI X9.17 和 ISO8732 中,并在保密增强邮递 PEM(Privacy Enhanced Mail)系统中得到利用。目前还没有针对三重 DES 的实用密码分析方法。Coppersmith 曾指出破译它的穷举密钥搜索量为 $2^{112} = 5 \times 10^{33}$,而用差分分析也要超过单重 DES 的密钥搜索量的 10^{52} 倍。

4.2.2　IDEA

国际数据加密算法 IDEA(International Data Encryption Algorithm)是由中国人来学嘉和 James Massey 研制的一个分组密码体制。它是上世纪 90 年代提出的用来替代 DES 的许多算法中较为成功的一种。它已被用于电子邮件加密系统 PGP(Pretty Good Privacy)中。下面对算法作一简要介绍。

IDEA 的分组长度为 64 bit,密钥长度为 128 bit,加密过程要经过 8 圈迭代。与 DES 的不同之处在于,IDEA 没有采用分组密码中常见的 Feistel 结构,算法通过三种不同运算实现混乱,圈函数是一种复杂的乘积/相加(MA—Multiplication/ Addition)结构。

1. 运算

IDEA 中使用的三种主要运算是:

(1) 逐位模 2 加,用 $\oplus$ 表示;

（2）模 2^{16}（65536）加，用 ⊞ 表示，输入和输出作为无符号的 16 bit 整数；

（3）模（$2^{16}+1$）（65537）乘，用 ⊙ 表示，输入和输出作为无符号的 16 bit 整数（除了全 0 分组代表 2^{16} 之外）。

例如：

0000 0000 0000 0000 ⊙ 1000 0000 0000 0000 ＝1000 0000 0000 0001

这是因为按照整数运算

$$2^{16} \times 2^{15} \bmod (2^{16}+1)=2^{15}+1$$

表 4-3 显示了对于 2 bit 数（不是 16 bit 数）做这三种运算的结果。

表 4-3　IDEA 中使用的函数（2 bit 操作数）

X		Y		X ⊞ Y		X ⊙ Y		X ⊕ Y	
0	00	0	00	0	00	1	01	0	00
0	00	1	01	1	01	0	00	1	01
0	00	2	10	2	10	3	11	2	10
0	00	3	11	3	11	2	10	3	11
1	01	0	00	1	01	0	00	1	01
1	01	1	01	2	10	1	01	0	00
1	01	2	10	3	11	2	10	3	11
1	01	3	11	0	00	3	11	2	10
2	10	0	00	2	10	3	11	2	10
2	10	1	01	3	11	2	10	3	11
2	10	2	10	0	00	0	00	0	00
2	10	3	11	1	01	1	01	1	01
3	11	0	00	3	11	2	10	3	11
3	11	1	01	0	00	3	11	2	10
3	11	2	10	1	01	1	01	1	01
3	11	3	11	2	10	0	00	0	00

这三种运算在下列意义下是不兼容的：

（1）任意两种运算不满足分配律，如：

$$a \boxplus (b \odot c) \neq (a \boxplus b) \odot (a \boxplus c)$$

（2）任意两种运算不满足结合律，如：

$$a \boxplus (b \oplus c) \neq (a \boxplus b) \oplus c$$

将这些运算组合构成了较复杂的运算模块,可以有效地抵抗各种密码分析。

在 IDEA 中,明文和密钥的扩散由其基本运算模块乘加结构提供,见图 4 - 1。这个结构以两个从明文得到的 16 bit 数值和两个从初始密钥导出的子密钥作为输入并产生两个 16 bit 的输出。第一个循环输出的每一个比特依赖于明文的每一个比特和子密钥的每一个比特。这个特定的结构在算法中重复 8 次,每次迭代使用 6 个 16 bit 的子密钥。

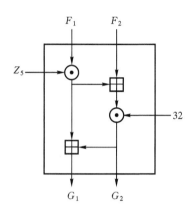

图 4 - 1　乘加(MA)结构

2. 实现方面的考虑

IDEA 的设计考虑到了便于硬件和软件实现。通常,硬件实现的设计目标是取得高速度,而软件实现则追求灵活和低价。

- 便于软件实现的设计原则

(1) 使用子分组:密码运算应该在很自然的子分组上进行,具有这种特性的子分组包括 8,16 或 32 bit。IDEA 使用 16 bit 的子分组。

(2) 使用简单运算:密码运算应该容易使用加法、移位等编程实现,IDEA 的三种基本运算符合这个要求。这三种中最困难的一个,即模$(2^{16}+1)$乘法可以容易地用简单的基本运算构成。

- 便于硬件实现的设计原则

(1) 加密和解密过程类似:加密和解密应该只在使用密钥的方式上有所不同,以便同一个设备既可以用于加密又可以用于解密。和 DES 一样,IDEA 也具有满足这个要求的结构。

(2) 规则的结构:为便于 VLSI 实现,密码算法应该具有一种规则的模块化结构。IDEA 是由重复使用两种基本的模块化组件构成的。

3. 加/解密过程

IDEA 加密过程如图 4-2 所示，它由两部分构成：一个是对输入 64 bit 明文的 8 轮迭代产生 64 bit 密文输出；另一个是由输入的 128 bit 初始密钥产生 8 轮迭代所需的 52 个子密钥，共 52×16 bit，运算过程字长均为 16 bit。

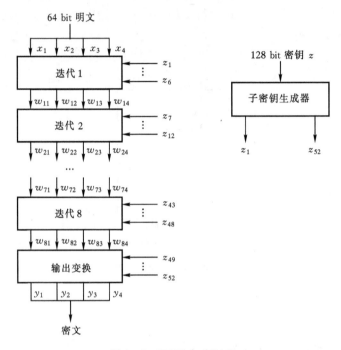

图 4-2　IDEA 加密过程

每轮迭代的运算过程如图 4-3 所示。每次迭代所使用的密钥不同，其它步骤均相同。输出变换如图 4-4 所示。

子密钥产生器，以输入的 8×16 bit 初始密钥作为前 8 个子密钥 $z_1 \sim z_8$，然后将 128 位移位寄存器循环左移 25 位，形成子密钥 $z_9 \sim z_{15}$，相应于移位寄存器的存数。这一过程一直重复，直到给出子密钥 $z_{49} \sim z_{52}$。加密过程每轮迭代需要 6 个子密钥，而密钥产生器每次移位后给出 8 个子密钥，所以 IDEA 算法中每轮所用的子密钥将从 128 bit 密钥移位寄存器的不同位置取出。这个方案使得 8 次迭代中使用的子密钥的密钥比特有所变化，每次迭代中使用的第 1 个子密钥使用了一组不同的密钥比特。如果把整个初始密钥标记为 $Z[1 \cdots 128]$，那么各次迭代的第 1 个密钥的分配如下：

$$z_1 = Z[1 \cdots 16] \qquad z_{25} = Z[76 \cdots 91]$$
$$z_7 = Z[97 \cdots 112] \qquad z_{31} = Z[44 \cdots 59]$$

$$z_{13}=Z[90\cdots105]\qquad z_{37}=Z[37\cdots52]$$
$$z_{19}=Z[83\cdots98]\qquad z_{43}=Z[30\cdots45]$$

由于每次迭代只使用 6 个子密钥，而每次密钥循环移位后 8 个子密钥，因此除了第 1 次和第 8 次迭代之外，每一次迭代使用的 96 bit 子密钥都不是对应着初始密钥中的连续比特，这样一次迭代和另一次迭代的子密钥之间就不存在简单的移位关系。

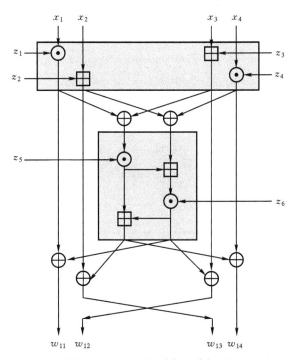

图 4-3　IDEA 的首轮迭代框图

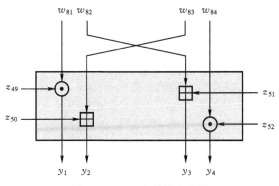

图 4-4　IDEA 的输出变换

解密过程与加密基本相同,但解密子密钥 $u_1,u_2,\cdots,u_{52}$ 与加密子密钥 $z_1,z_2,\cdots,z_{52}$ 之间有如表 4-4 给出的关系。

表 4-4   DEA 加密、解密子密钥表

	加密子密钥	解密子密钥	
一	z_1,z_2,z_3,z_4,z_5,z_6	u_1,u_2,u_3,u_4,u_5,u_6	$z_{49}^{-1},-z_{50},-z_{51},z_{52}^{-1},z_{47},z_{48}$
二	$z_7,z_8,z_9,z_{10},z_{11},z_{12}$	$u_7,u_8,u_9,u_{10},u_{11},u_{12}$	$z_{43}^{-1},-z_{45},-z_{44},z_{46}^{-1},z_{41},z_{42}$
三	$z_{13},z_{14},z_{15},z_{16},z_{17},z_{18}$	$u_{13},u_{14},u_{15},u_{16},u_{17},u_{18}$	$z_{37}^{-1},-z_{39},-z_{38},z_{40}^{-1},z_{35},z_{36}$
四	$z_{19},z_{20},z_{21},z_{22},z_{23},z_{24}$	$u_{19},u_{20},u_{21},u_{22},u_{23},u_{24}$	$z_{31}^{-1},-z_{33},-z_{32},z_{34}^{-1},z_{29},z_{30}$
五	$z_{25},z_{26},z_{27},z_{28},z_{29},z_{30}$	$u_{25},u_{26},u_{27},u_{28},u_{29},u_{30}$	$z_{25}^{-1},-z_{27},-z_{26},z_{28}^{-1},z_{23},z_{24}$
六	$z_{31},z_{32},z_{33},z_{34},z_{35},z_{36}$	$u_{31},u_{32},u_{33},u_{34},u_{35},u_{36}$	$z_{19}^{-1},-z_{21},-z_{20},z_{22}^{-1},z_{17},z_{18}$
七	$z_{37},z_{38},z_{39},z_{40},z_{41},z_{42}$	$u_{37},u_{38},u_{39},u_{40},u_{41},u_{42}$	$z_{13}^{-1},-z_{15},-z_{14},z_{16}^{-1},z_{11},z_{12}$
八	$z_{43},z_{44},z_{45},z_{46},z_{47},z_{48}$	$u_{43},u_{44},u_{45},u_{46},u_{47},u_{48}$	$z_{7}^{-1},-z_9,-z_8,z_{10}^{-1},z_5,z_6$
输出变换	$z_{49},z_{50},z_{51},z_{52}$	$u_{49},u_{50},u_{51},u_{52}$	$z_1^{-1},-z_2,-z_3,z_4^{-1}$

其中 z_j^{-1} 表示子密钥 z_j 的乘法逆元(因为 $2^{16}+1$ 是一个素数,故每个非零整数均存在模 $2^{16}+1$ 的乘法逆元), $-z_j$ 表示 z_j 模 2^{16} 的加法逆元。表 4-4 中的密钥满足下述关系:

$$z_j \cdot z_j^{-1} \equiv 1 \bmod (2^{16}+1) \text{ 或 } z_j \odot z_j^{-1} = 1$$
$$-z_j + z_j \equiv 0 \bmod 2^{16} \text{ 或 } -z_j \boxplus z_j = 0$$

4.2.3 Twofish 简介

Twofish 由密码学家 Bruce Schneier 所设计,是 AES 首轮 15 个候选算法之一。它是在由同一作者设计的 Blowfish 算法的基础上加以改进而产生的。Twofish 要实现的设计目标主要有:

(1) 128 bit 对称分组密码;

(2) 接受 256 bit 以内的任意密钥长度;

(3) 没有弱密钥;

(4) 高效,在 Intel Pentium Pro 以及其它软件与硬件平台上能有效运行。不包含任何在 8 位、16 位或建议的 64 位微处理器上运行效率低的操作,也不包含任何使得硬件实现效率低的基本环节。能用硬件在少于 20000 门电路内实现;

(5) 灵活简单的设计,有利于分析;

（6）抗一切已知的密码分析方法。

Twofish 的圈函数是 Feistel 网络的一种变形，如图 4－5 所示，比 Feistel 网络多出了两个循环移位部件"<<<1"和">>>1"。在多轮迭代之前有⊕群加密。在多轮迭代之后进行一次左右交换接一个⊕群加密。Twofish 算法类似于 DES，只是圈函数不是原始的 Feistel 网络，故加解密算法有小的差异。图 4－6 给出了解密算法的简略框图。

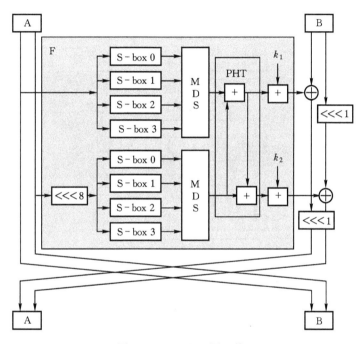

图 4－5　Twofish 圈函数

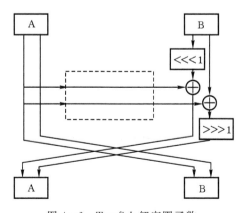

图 4－6　Twofish 解密圈函数

非线性函数 F 包括四个组成部件：4 个 S 盒"S - box 0"、"S - box 1"、"S - box 2"、"S - box 3"；矩阵"MDS"；伪随机 Hadmard 变换"PHT"；循环移位"<<<8"；与密钥模 2^{32} 加。

1. 4 个 S 盒

如果将 4 个 S 盒的并联总体输入记为 x，并联总体输出记为 y，则 4 个 S 盒的并联总体结构如图 4 - 7 所示。

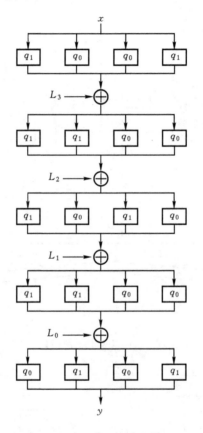

图 4 - 7　4 个 S 盒并联

其中，L_0、L_1、L_2、L_3 是密钥，置换 q_0 和 q_1 都是 8 bit ＊ (1 字节)的固定置换。记 q_0 或 q_1 的输入为 x，对应输出为 y，则置换为如下形式：

$$x = (a_0, b_0)$$
$$(a_1, b_1) = (a_0 \oplus b_0, a_0 \oplus (b_0 >>> 1) \oplus 8a_0 (\text{mod } 16))$$
$$(a_2, b_2) = (t_0(a_1), t_1(b_1))$$
$$(a_3, b_3) = (a_2 \oplus b_2, a_2 \oplus (b_2 >>> 1) \oplus 8a_2 (\text{mod } 16))$$

$(a_4,b_4)=(t_2(a_3),t_3(b_3))$

$y=(a_4,b_4)$

t_0、t_1、t_2、t_3 都是 4 bit 输入/4 bit 输出的小型 S 盒。

对应于置换 q_0 为(十六进制表示)

$$t_0=[817D\ 6F32\ 0B59\ ECA4]$$

$$t_1=[ECB8\ 1235\ F4A6\ 709D]$$

$$t_2=[BA5E\ 6D90\ C8F3\ 2471]$$

$$t_3=[D7F4\ 126E\ 9B30\ 85CA]$$

对应于置换 q_1 为

$$t_0=[28BD\ F76E\ 3194\ 0AC5]$$

$$t_1=[1E2B\ 4C37\ 6DA5\ F908]$$

$$t_2=[4C75\ 169A\ 0ED8\ 2B3F]$$

$$t_3=[B951\ C3DE\ 647F\ 208A]$$

可以看出 4 个 S 盒并不是完全的查表部件,而是组合运算器。

2. 矩阵 MDS

4 个 S 盒的输出为 $GF(2^8)$ 上的 4 维列向量,与矩阵 **MDS** 左乘。其中矩阵 **MDS** 为(十六进制表示)

$$\boldsymbol{MDS}=\begin{pmatrix} 01 & EF & 5B & 5B \\ 5B & EF & EF & 01 \\ EF & 5B & 01 & EF \\ EF & 01 & EF & 5B \end{pmatrix}$$

矩阵 **MDS** 的设计思想是域上的最大距离可分码,这种设计可以使差分的字节扩散达到最大。

3. 伪 Hadmard 变换(PHT)

这是环 $\{\{0,1\}^{32},+(\mathrm{mod}\ 2^{32}),\times(\mathrm{mod}\ 2^{32})\}$ 上的一个 2 维线性变换。设输入为 (a,b),输出为 (a',b'),则 PHT 具有如下的变换形式:

$$\begin{bmatrix} a' \\ b' \end{bmatrix}=\begin{bmatrix} 1 & 1 \\ 1 & 2 \end{bmatrix}\begin{bmatrix} a \\ b \end{bmatrix}$$

PHT 可以实现明文及密钥的快速扩散,扩散效果较好,而且实现简单。

4.2.4　RC5 与 RC6

RSA 公司的 Rivest 于 1994 年设计了迭代分组密码 RC5,RC5 具有两个显著特点,其一是计算部件的输入长度灵活可变;其二是使用了依赖于数据的循环移位。这一部件与其它部件组合,使得输入与输出的关系(差分分布、线性关系等)大大复杂化。一个特定的 RC5 表示为 $\text{RC5}-w/r/b$,其中 w 是 RC5 中数据运算单位"字"的长度(通常有 $w=16,32,64$);r 是迭代圈数;b 是初始密钥按字节的长度(即初始密钥为 b byte 长,或 $8b$ bit 长)。RC5 的明文分组长度为 $2w$,将其分为两个字进行运算。RC5 的字运算部件有以下 3 种:

(1) 逐 bit 异或"$\oplus$";

(2) 模 2^w 加法"$+$";

(3) 字的循环左移"$x<<<y$",其中 x 和 y 都是字,"$x<<<y$"表示将字 x 循环左移,移动的位数是 y 的低 $\log_2(w)$ 位的值。

RC5 的加密算法如下:

  Input (A,B);

  $A=A+S_{[0]}$;$B=B+S_{[1]}$;

  For j=1 to r do

    $A=((A\oplus B)<<<B)+S_{[2j]}$;

    $B=((B\oplus A)<<<A)+S_{[2j+1]}$;

  Output (A,B);

RC5 的解密算法如下:

  Input (A,B);

  $A=A-S_{[2r]}$;$B=B-S_{[2r+1]}$;

  For j=1 to r do

    $B=((B>>>A)\oplus A)-S_{[2(r-j)+1]}$;

    $A=((A>>>B)\oplus B)-S_{[2(r-j)]}$;

  Output (A,B);

其中"$B>>>A$"表示将字 B 循环右移,移动的位数是 A 的低 $\log_2(w)$ 位的值;"$-$"表示模 2^w 减法。可以看出加密算法与解密算法差异较大,这是 RC5 的缺点之一。

如果从混乱和扩散性能出发,则逐 bit 异或部件与模 2^w 加法部件的组合存在明显的漏洞,比如当 A 和 B 取值为 1 的分量不重合时,$A\oplus B=A+B$;又比如当 A 和 B 的低位取值为 1 的分量不重合时,$A\oplus B$ 的低位等于 $A+B$ 的低位。但是如果再加入循环移位"$x<<<y$",则算法的混乱和扩散性能将大大改善。人们从理论上设计了一些针对 $RC5$ 的攻击方法,但实用的攻击方法目前尚不存在。从理论

上攻击 RC5 一般都考虑了这样一个弱点,即部件"$x<<<y$"中循环左移的移位量并不取决于 y 的所有比特。

为了挫败对 RC5 的这些攻击,强化版 RC6 被设计出来。RC6 也是 AES 首批 15 个候选算法之一。一个特定的 RC6 仍表示为 RC6$-w/r/b$,明文分组长度为 $4w$,将其分为 4 个字节进行运算。

RC6$-w/r/b$ 有 6 种基本的字运算部件:逐 bit 异或"$\oplus$";模 2^w 加法"$+$";模 2^w 减法"$-$";模 2^w 乘法"$\times$";字的循环左移"$x<<<y$";字的循环右移"$x>>>y$"。

RC6 加密算法如下:

Input (A,B,C,D);

$B=B+S_{[0]}$;$D=D+S_{[1]}$;

For j=1 to r do;

    $t=(B\times(2B+1))<<<\log_2(w)$;

    $u=(D\times(2D+1))<<<\log_2(w)$;

    $A=((A\oplus t)<<<u)+S_{[2j]}$;

    $C=((C\oplus u)<<<t)+S_{[2j+1]}$;

    $(A,B,C,D)=(B,C,D,A)$;

$A=A+S_{[2j+2]}$;$C=C+S_{[2j+3]}$;

Output (A,B,C,D);

RC6 的解密算法仍然与加密算法差别较大。解密算法如下:

Input (A,B,C,D);

$C=C-S_{[2j+3]}$;$A=A-S_{[2j+2]}$;

For j=1 to r do

    $(A,B,C,D)=(D,A,B,C)$;

    $u=(D\times(2D+1))<<<\log_2(w)$;

    $t=(B\times(2B+1))<<<\log_2(w)$;

    $C=((C-S_{[2(r-j)+3]})>>>t)\oplus u$;

    $A=((A-S_{[2(r-j)+2]})>>>u)\oplus t$;

$D=D-S_{[1]}$;$B=B-S_{[0]}$;

Output (A,B,C,D);

图 4-8 为 RC6 加密算法的圈函数,其中 f 为函数 $y=f(x)=x(2x+1) \bmod 2^w$。

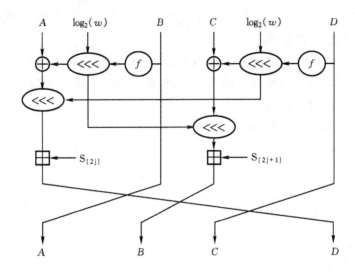

图 4－8　RC6 加密算法的圈函数

习　题

1. NIST 评估 AES 的标准有哪些？

2. 简述 Rijndael 中的字节代换和行移位变换。

3. 在 Rijndael 中行移位变换影响了 State 中的多少个字节？

4. 简述 Rijndael 的密钥扩展算法。

5. 中间相遇攻击的原理是什么？

6. 分析双重 DES 及三重 DES 的优缺点。

7. 简要描述 IDEA，并说出它与 DES 相比有什么优点？

8. IDEA 的三种运算是什么？它们之间有什么关系？

9. Twofish 有哪些设计目标？

10. Twofish 的非线性函数包括哪些部分？

11. RC5 的主要特点是什么？

12. RC5 中用到了哪些算术运算？RC6 中采用了哪些算术运算？

13. 设计分组密码要注意哪些问题？

14. 当 128 位的密钥为全 0 时，给出 Rijndael 密钥扩展数组中的前 8 个字节。

15. 若明文是{000102030405060708090A0B0C0D0E0F}，

　　　密钥是{0101010101010101010101010101010101}，

　　(1) 用 4×4 的矩阵来描述 State 的最初内容；

（2）给出初始化轮密钥加后 State 的值；

（3）给出字节代换后 State 的值；

（4）给出行移位后 State 的值；

（5）给出列混淆后 State 的值。

16. 在讨论 Rijndael 的列混淆和逆向列混淆时，提到了 $d(x) = c^{-1}(x) \bmod (x^4 + 1)$，
其中 $c(x) = \{03\}x^3 + \{01\}x^2 + \{01\}x + \{02\}$，且 $d(x) = \{0B\}x^3 + \{0D\}x^2 + \{09\}x + \{0E\}$。验证这个等式的正确性。

第 5 章　序列密码

5.1　序列的随机性

随机数在密码学中扮演着重要的角色。为抵御统计分析,将一个二元序列用作密钥时,要求此序列具有良好的随机性。本节介绍随机性的概念及几种常见的产生随机数的方法。

5.1.1　随机性的含义

随机性描述的是一个数字序列的统计特性。真正的随机序列是指不能重复产生的序列。随机数最好的来源是专门设计的产生真正随机数的硬件。自然界中的某些事件是真正随机的。如果记录下宇宙射线打在盖氏计数器上的时间间隔,就可以得到一串好的随机序列。实际上,不好的电子器件反而可以作为好的随机数发生器。人们发现,噪声被故意做得很大的二极管就是一个很好的随机数来源。

在加密时,最好的随机密钥应该利用自然的物理过程来获取。比如密码编码者可以在工作台上放置一块放射性物质,再用盖氏计数器来测定放射射线的时间间隔。有时候放射能连续不断地发生,有时候放射之间有延迟,两次放射之间的时间是不可预测的。密码编码者可以在盖氏计数器上连接一个显示屏,以一定的速率循环显示字母表中的字母,一旦检测到放射,屏幕会暂时冻结,此时显示的字母就作为密钥中的一个字母。人们通常使用物理的噪声发生器,如离子辐射脉冲检测器、气体放电管、漏电容等,作为真随机数的来源。然而这些物理设备在网络安全应用中用处很小,数值的精确性和随机性都有问题,使用起来不方便,而且这些随机源往往具有规则的结构,不适于作为密码体制中的密钥使用。

在密码编码中,随机数是用一个确定算法产生的。由于算法确定,因此产生的数值序列并不是真正意义上的统计随机。但如果算法较"好",所得的序列能够通过许多随机性测试。通过这些测试的序列被称为伪随机序列。换句话说,伪随机序列不是真正的随机序列,但它具有较好的随机性,从而很难与真正的随机序列区分。

注:计算机不可能产生真正的随机数。计算机是一个有限的状态机,并且输出

状态由过去的输入和当前状态确定。这就是说,计算机中的随机序列产生器是周期性的,而任何周期性的东西都是可预测的。如果是可预测的,那么它就不可能是随机的。

人们用以下三个参数来衡量序列的随机性。

1. 周期

对于序列 $\{x_n\}$,满足对任意 $i \in \mathbf{Z}^+$,$x_i = x_{i+p}$ 的最小正整数 p 称为**序列的周期**。具有有限周期的序列称为**周期序列**。更一般地,称序列 $\{x_n\}$ 是周期为 p 的**终归周期序列**,如果存在一个下标 i_0,满足

$$x_{i+p} = x_i \ (对所有 \ i \geqslant i_0 \ 成立)$$

2. 游程

在序列 $\{x_n\}$ 中,若有 $x_{t-1} \neq x_t = x_{t+1} = \cdots = x_{t+l-1} \neq x_{t+l}$,则称 $(x_t, x_{t+1}, \cdots, x_{t+l-1})$ 为一个长为 l 的游程。

3. 周期自相关函数

设序列 $\{x_n\}$ 的周期为 p,定义周期自相关函数为

$$R(j) = \frac{A - D}{p}, \quad j = 1, 2, \cdots$$

其中 $A = |\{0 \leqslant i < p; x_i = x_{i+j}\}|$,$D = |\{0 \leqslant i < p; x_i \neq x_{i+j}\}|$

若 $p \mid j$,则 $R(j)$ 为**同相自相关函数**,此时 $A = p$,$D = 0$,故 $R(j) = 1$。

若 $p \nmid j$,则 $R(j)$ 为**异相自相关函数**。

例 5-1　二元序列 1110010 1110010 1110010 1110

周期 $p = 7$,当 $7 \mid j$ 时,$R(j) = 1$;当 $7 \nmid j$ 时,设 $j = 3$,考虑一个周期,令 i 从 0 到 $p-1$ 取值,则

$$x_0 \neq x_3, \ x_1 \neq x_4, \ x_2 = x_5, \ x_3 = x_6, \ x_4 \neq x_7, \ x_5 = x_8, \ x_6 \neq x_9$$

故 $A = 3$,$D = 4$,求得 $R(3) = -\dfrac{1}{7}$。

对二进制序列,Golomb 提出了三条随机性假设,满足这些假设的序列就被视为具有较强的随机性,或者称其为**伪随机序列**。

这三条假设是:

(1) 若序列的周期为偶数,则在一个周期内,0、1 的个数相等;若周期为奇数,则在一个周期内,0、1 的个数相差 1。

(2) 在一个周期内,长度为 l 的游程数占游程总数的 $\dfrac{1}{2^l}$,且对于任意长度,0 游程与 1 游程个数相等。

(3) 所有异相自相关函数值相等。

5.1.2　伪随机数发生器

伪随机数发生器(pseudo-random number generators)是指将一个短的随机数"种子"扩展为较长的伪随机序列的确定算法。

常见的伪随机数发生器主要有以下几种：

1. 线性同余发生器(Linear congruential generator)

给定四个整数 m,a,c,x_0，

则由公式

$$x_{n+1} \equiv (ax_n + c) \bmod m$$

产生的序列 $\{x_n\}$ 便是一个伪随机序列。x_0 为初始值。

这里要求 $m > 0, 0 \leqslant a < m, 0 \leqslant c < m, 0 \leqslant x_0 < m$。

例 5 - 2　取 $m=23, a=2, c=5$，则序列可由递推公式

$$x_{n+1} = (2x_n + 5) \bmod 23$$

产生，给定种子 $x_0 = 3$，则产生的序列为：3,11,4,13,8,21,1,10,2,9,0,5,15,12,6,17,16,14,10,2,9,0,5,15,…，这是一个周期为 11 的终归周期序列。

若选 $m=23, a=9, c=2, x_0=1$，则产生的序列为：1,11,10,1,11,10,1,11,…，周期为 3。

序列的随机性取决于参数的选取，要使产生的序列具有良好的随机性，参数除了要满足 $(m,a)=1$ 之外，还需满足其它一些性质。

若 m 为素数，$c=0$，则产生的序列周期为 $m-1$，通常可取 m 为形如 $2^n - 1$ 的素数，即**梅森素数**(Mersenne Prime)，序列由

$$x_{n+1} = ax_n \bmod m$$

产生。

表 5-1 给出了构成线性同余发生器的较好的参数。

评价线性同余发生器有以下准则：

(1) 完整周期：即在一个周期中，0 至 $m-1$ 之间的数都出现。

(2) 满足随机性测试。

(3) 可以高效地实现。

线性同余法的优点是方便，快速；缺点是除初值之外，其它数字都是用一个确定的算法产生的。它所产生的序列不能作为序列密码的密钥流，但可以应用在非密码学方面，如计算机仿真。

表 5-1　线性同余发生器参数

溢出位置	a	c	m	溢出位置	a	c	m
2^{20}	106	1283	6075		1277	24749	117128
2^{21}	211	1663	1667875	2^{28}	741	66037	312500
2^{22}	421	1663	7875		2041	25673	121500
2^{23}	430	2531	11979		2311	25367	120050
	936	1399	6655		1807	45289	214326
	1366	1283	6975		1597	51749	244944
2^{24}	171	11214	53125	2^{29}	1861	49297	233280
	659	2531	11979		2661	36979	175000
	419	6173	29282		4081	25673	121500
	967	3041	14406		3661	30809	145800
2^{25}	141	28411	134456		3877	29573	139968
	625	6571	31104	2^{30}	3613	45289	214326
	1541	2957	14000		1366	150889	714025
	1741	2731	12960		8121	28411	134456
	1291	4621	21870	2^{31}	4561	51349	243000
	205	29573	139968		7141	54773	259200
2^{26}	421	17117	81000		9301	49297	233280
	1255	6173	29282	2^{32}	4096	150889	714025
	281	28411	134456	2^{33}	2416	374441	1771875
2^{27}	1093	18257	86436		17221	107839	510300
	421	54773	259200	2^{34}	36261	66037	312500
	1021	24631	116640	2^{35}	84589	45989	217728
	1021	25673	121500				

2. 用密码编码方法产生

利用现有的加密算法也可以产生伪随机数。

（1）循环加密

设 E 为加密算法，C 为计数器，预置其初值为 0，K_m 为保密的主密钥，由图 5-1 中的算法可产生伪随机序列 $\{x_n\}$，每加密一次，产生一个随机数，同时计数器的值加 1。

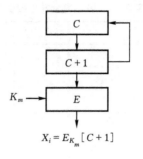

$$X_i = E_{K_m} [C+1]$$

图 5-1 循环加密方式产生随机数

为了加强序列的不可预测性,可将加密算法的输入用一组随机数代替,而不是采用自然数序列。

(2) 用 DES 的输出反馈方式产生

DES 的输出反馈方式是一种流密码的加密方式,其中 DES 算法用于产生密钥流,在这里也可以使用其它分组密码算法。详见第 2 章 2.4 节。

(3) ANSI X9.17 伪随机数产生器

用三重 DES 产生,简称为 EDE。该算法使用两个密钥 K_1, K_2。

初始化时,设 DT_0 为初始时刻的日期和时间,V_0 为种子密钥,用 K_1, K_2 对 DT_0 加密,结果与 V_0 相加,再对其加密,得到 R_0,然后,由下式产生伪随机序列

$$R_i = EDE_{K_1 K_2} \lfloor V_i \oplus EDE_{K_1 K_2}(DT_0) \rfloor$$

$$V_{i+1} = EDE_{K_1 K_2} \lfloor R_i \oplus EDE_{K_1 K_2}(DT_i) \rfloor$$

每一时刻要进行三次加密,相当于 9 次 DES 加密,由两个伪随机数驱动。

3. BBS(Blum Blum Shub)发生器

这是利用数论方法产生伪随机数的算法。算法包括以下步骤:

(1) 选择两个大素数 p, q,满足 $p \equiv q \equiv 3 \bmod 4$;

(2) 计算其乘积 $n = pq$;

(3) 选择随机数 $s, (s, n) = 1$;

(4) 通过以下公式计算伪随机序列

$x_0 \equiv s^2 \bmod n$

$x_{i+1} \equiv (x_i)^2 \bmod n$

$B_i \equiv x_i \bmod 2$

BBS 发生器在密码学意义上是相对安全的,它的安全性已被证明是基于大整数分解问题。但利用它产生随机数时,计算量比较大。

5.2　序列密码的基本概念

对称密码体制按照加密方式的不同,可分为**分组密码**和**序列密码**(也叫**流密码**)两种。在分组密码中,明文被分为固定长度的组,每一组用由同一个密钥确定的变换加密,得到固定长度的密文组。而在序列密码中,明文符号序列用密钥符号序列逐个加密,密钥序列 $z = z_1 z_2 \cdots$ 的第 i 个符号加密明文序列 $m = m_1 m_2 \cdots$ 的第 i 个符号,即

$$E_z(m) = E_{z_1}(m_1) E_{z_2}(m_2) \cdots$$

若密钥序列重复使用,则称为周期序列密码,否则,就是一次一密密码。

在序列密码中,第 i 个密钥 z_i 由第 i 时刻密钥流生成器的内部状态和初始密钥 K 决定。密码的安全性主要取决于所用密钥的随机性,所以设计序列密码的核心问题在于设计随机性较好的密钥流生成器。

密钥流生成器可看作是一个有限状态自动机,由输出符号集 Γ、状态集 Δ、状态转移函数 f、输出函数 g 和初始状态 σ_0 所组成,如图 5-2。

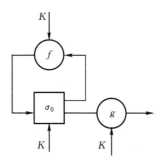

图 5-2　密钥流生成器

设计密钥流生成器的关键在于寻找状态转移函数和输出函数,使输出的密钥序列达到良好的伪随机性。Rueppel 将密钥流生成器分为两部分:驱动部分和非线性组合部分,如图 5-3。

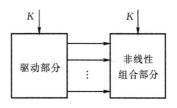

图 5-3　密钥流生成器的分解

驱动部分控制生成器的状态,并为非线性组合部分提供周期长、统计性能良好的序列;非线性组合部分利用这些序列组合出满足要求的密钥序列。

根据密钥流生成器中的状态转移函数 f 是否依赖于输入的明文字符,序列密码可分为两类。如果 f 与明文字符无关,则称为**同步序列密码**(synchronous stream cipher),否则称为**自同步序列密码**(self-synchronous stream cipher)。

在同步流密码中,只要发送端和接收端有相同的种子(或实际密钥)和内部状态,就能产生出相同的密钥流,此时,认为发送端和接收端的密钥生成器是同步的。同步流密码的一个优点是无错误传播,一个传输错误只影响一个符号,但这也是一个缺点,因为对手篡改一个符号比篡改一组符号容易。

自同步序列密码具有抵抗密文搜索攻击的优点,并且提供认证功能,但是分析起来比较复杂,而且会产生错误传播。

在以后的讨论中,我们将只考虑有限域 F_2 的情况,即明文为二进制序列,密钥流生成器的输出符号集 $\Gamma=\{0,1\}$,加密变换为模 2 加。

5.3 线性反馈移位寄存器与 m 序列

通常,密钥流生成器中的驱动部分是一个反馈移位寄存器。线性反馈移位寄存器 LFSR(Linear Feedback Shift Register)的理论非常成熟,它实现简单、速度快、便于分析,因而成为构造密钥流生成器最重要的部件之一。

5.3.1 线性反馈移位寄存器(LFSR)

移位寄存器是一种有限状态自动机,它由一系列的存储单元、若干个乘法器和加法器通过电路连接而成。假设共有 n 个存储单元(此时称该移位寄存器为 n 级),每个存储单元可存储一比特信息,在第 i 时刻各个存储单元中的比特序列 $(a_i a_{i+1} \cdots a_{i+n-1})$ 称为移位寄存器的状态,$(a_0 a_1 \cdots a_{n-1})$ 为初始状态。在第 j 个时钟脉冲到来时,存储单元中的数据向前移动一位,状态由 $(a_j a_{j+1} \cdots a_{j+n-1})$ 变为 $(a_{j+1} a_{j+2} \cdots a_{j+n})$,同时,按照固定规则产生输入比特和输出比特。如图 5-4:

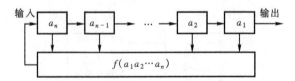

图 5-4 移位寄存器

产生输入数据的变换规则称为**反馈函数**。给定了当前状态和反馈函数,可以惟一确定输出和下一时刻的状态。通常,反馈函数是一个 n 元布尔函数,即输入是 n 维 $0-1$ 向量,输出为 0 或 1,n 元布尔函数的一般形式为

$$f(x_1 x_2 \cdots x_n) = k_0 + \sum_{i=1}^{n} k_i x_i + \sum_{i,j} k_{ij} x_i x_j + \cdots + k_{12 \cdots n} x_1 x_2 \cdots x_n$$

系数 $k_i \in \{0, 1\}$,"$+$"为模 2 加。

例 5 - 3　如图 5-5 所示 3 级移位寄存器

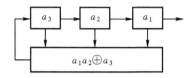

图 5 - 5　一个 3 级移位寄存器

给定初态 $s = (a_1 a_2 a_3) = (101)$,按照反馈函数可求出各个时刻的状态及输出如表 5-2 所示。

表 5 - 2　各个时刻的状态及输出

时刻	状态($a_3 a_2 a_1$)	输出	反馈值
1	1　0　1	1	1
2	1　1　0	0	1
3	1　1　1	1	0
4	0　1　1	1	1
5	1　0　1	1	1

由表 5-2 可见,状态在第 5 时刻开始重复,因此输出序列的周期是 4,输出序列为 1011101110111011$\cdots$。

若反馈函数为线性函数,则称该移位寄存器为线性反馈移位寄存器。线性布尔函数的一般形式为:

$$f(a_1 a_2 \cdots a_n) = c_0 a_1 + c_1 a_2 + \cdots + c_{n-1} a_n$$

$c_i \in \{0, 1\}$,"$+$"为模 2 加。LFSR 的一般形式如图 5-6 所示:

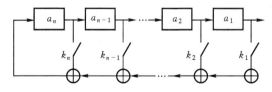

图 5 - 6　LFSR 的一般形式

初始状态是人为规定的,输入比特 a_{i+n} 由递推关系

$$a_{i+n}=c_0a_i+c_1a_{i+1}+c_2a_{i+1}+\cdots+c_{n-1}a_{i+n-1}$$

确定,系数 $c_i\in\{0,1\}$ 可看作是开关。

5.3.2　移位寄存器的周期及 m 序列

周期是衡量序列的伪随机性的一个重要标准,要产生性能较好的密钥序列,自然要求作为密钥发生器的驱动部分的移位寄存器有较长的周期。下面我们讨论如何用级数尽可能小的 LFSR 产生周期长、统计性能好的输出序列。

一个 n 级 LFSR 的最长周期由以下定理确定。

定理 5-1　n 级 LFSR 的周期 $\leqslant 2^n-1$

n 级 LFSR 最多有 2^n 种不同状态,若初态为全零,则其后续状态恒为零,构成一个平凡序列,若初态不为零,则一个周期中最多出现 2^n-1 种非零状态,故状态周期小于等于 2^n-1,同样,输出序列的周期也小于等于 2^n-1。

定义 5-1　周期为 2^n-1 的 n 级 LFSR 的输出序列称为 m **序列**。

例 5-4　4 级 LFSR 的框图如下(图 5-7)

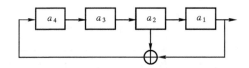

图 5-7　一个 4 级 LFSR

设初态为(1111),则各个时刻的状态及输出为

时刻	状态($a_4a_3a_2a_1$)				输出
0	1	1	1	1	1
1	0	1	1	1	1
2	0	0	1	1	1
3	0	0	0	1	1
4	1	0	0	0	0
5	0	1	0	0	0
6	0	0	1	0	0
7	1	0	0	1	1
8	1	1	0	0	0
9	0	1	1	0	0

10	1	0	1	1	1
11	0	1	0	1	1
12	1	0	1	0	0
13	1	1	0	1	1
14	1	1	1	0	0
15	1	1	1	1	1

输出序列为：1111　0001　0011　0101

周期 $p=15$。

n 级 m 序列具有以下特性：

（1）在一个周期中，1 出现 2^{n-1} 次，0 出现 $2^{n-1}-1$ 次，满足 Golomb 的第一条伪随机性假设。

（2）将一个周期首尾相连，其游程总数 $N=2^{n-1}$，其中 0 游程与 1 游程数目各半。当 $n>2$ 时，游程分布如下（$1\leqslant l\leqslant n-2$）：

长为 l 的 0 游程有 $\dfrac{N}{2^{l+1}}$ 个；

长为 l 的 1 游程有 $\dfrac{N}{2^{l+1}}$ 个；

长为 $n-1$ 的 0 游程有 1 个；

长为 n 的 1 游程有 1 个；

没有长为 n 的 0 游程和长为 $n-1$ 的 1 游程。

（3）异相自相关函数为 $R(j)=-\dfrac{1}{2^{n}-1}$，$0<j\leqslant2^{n}-2$。

可验证，例 5-4 中的序列满足上述特性。m 序列的统计特性类似于伪随机序列，可以满足 Golomb 随机性假设中的第 1、3 条，并且基本上满足第 2 条。

接下来的问题就是如何构造 m 序列了。下面，我们将利用线性代数的方法来分析线性反馈移位寄存器，从而找到能产生 m 序列的反馈函数。

首先，LFSR 可以用线性函数递归的定义，末端存储器的输入

$$a_{i+n}=c_0 a_i+c_1 a_{i+1}+c_2 a_{i+2}+\cdots+c_{n-1} a_{i+n-1}$$

其中 $c_0,c_1,\cdots c_{n-1}$ 为 LFSR 的反馈函数的系数。

引入多项式

$$f(x)=c_0+c_1 x+c_2 x^2+\cdots+c_n x^n$$

$f(x)$ 称为 LFSR 的**联结多项式**。$f(x)$ 的互反多项式

$$\widetilde{f}(x)=c_0 x^n+c_1 x^{n-1}+\cdots+c_{n-1} x+c_n$$

称为 LFSR 的**特征多项式**。

定义 5 - 2 设 $p(x)$ 是 $F_2[x]$ 中的 n 次多项式,如果 $p(x)|x^n-1$,但对 $0<t<n$ 的任何整数 t,$p(x)$ 不整除 x^t-1,则称 $p(x)$ 为本原多项式。

推论 5 - 1 设 n 为整数,且 2^n-1 为素数,则 $F_2[x]$ 中每个 n 次不可约多项式都是本原多项式。

定理 5 - 2 设 F_2 上 n 级 LFSR 的联结多项式为 $f(x)$,由此 LFSR 产生的全部序列记为 $G(f)$,则 $G(f)$ 中非零序列全部为 m 序列的充要条件是 $f(x)$ 为 F_2 上的本原多项式。

根据定理 5 - 2,产生 n 级 m 序列的问题就归结为求 F_2 上 n 次本原多项式这个纯代数问题,这属于近世代数的内容,在此不加详述。

5.3.3 B-M 算法与序列的线性复杂度

随机数最重要的性质是不可预测性。m 序列虽然具有较长的周期,然而它是确定的。事实上,根据 Berlekamp-Massey 算法,对于任意 n 级 LFSR,连续抽取序列的 $2n$ 项之后,都可以求出其系数。该算法以长为 N 的二元序列 $a_0a_1\cdots a_{N-1}$ 作为输入,输出产生该序列的最短 LFSR 的联结多项式 $f_N(x)$ 及其阶数 l_N+1。

B-M 算法:

输入:N,序列 $a_0a_1\cdots a_{N-1}$

第一步:$n \leftarrow 0$,$\langle f_0(x),l_0 \rangle \leftarrow \langle 1,0 \rangle$;

第二步:计算 $d_n=f_n(D)a_n$,其中 D 为延迟算子($Da_k=a_{k-1}$),

(1) 当 $d_n=0$ 时,

$$\langle f_{n+1}(x),l_{n+1} \rangle \leftarrow \langle f_n(x),l_n \rangle,$$

转第三步;

(2) 当 $d_n=1$,且 $l_0=l_1=\cdots=l_n=0$ 时,

$$\langle f_{n+1}(x),l_{n+1} \rangle \leftarrow \langle 1+x^{n+1},n+1 \rangle,$$

转第三步;

(3) 当 $d_n=1$,且 $l_m<l_{m+1}=l_{m+2}=\cdots=l_n(m<n)$ 时,

$$\langle f_{n+1}(x),l_{n+1} \rangle \leftarrow \langle f_n(x)+d_n d_m^{-1} x^{n-m} f_m(x),\max(l_n,n+1-l_n) \rangle$$

第三步:若 $n<N-1$,$n \leftarrow n+1$,转第二步。

输出:$\langle f_n(x),l_N \rangle$

B-M 算法的时间复杂度为 $O(N^2)$,空间复杂度为 $O(N)$。

一个二元随机序列 $a_0a_1a_2\cdots$ 可视作一个二元对称信源(BBS)的输出,当前输出位 a_n 与以前输出段 $a_0a_1\cdots a_{n-1}$ 之间是完全独立的,因此,即使已知 $a_0a_1\cdots a_{n-1}$,a_n 仍是不可预测的。而对于 n 级 m 序列,由 B-M 算法,只要得知其前 $2n$ 位,就能

以不太大的代价求出序列的任一位。

　　度量有限长或周期序列的随机性的方法有很多,但最常用的方法是由 Lempel 和 Ziv 建议的“线性复杂度”方法,用产生该序列的最短 LFSR 的长度来度量,这种方法本质上衡量了序列的线性不可预测性。

　　定义 5 - 3　一个有限序列 $x=(x_0,x_1,\cdots,x_t)$ 的**线性复杂度**,是指对于选定的初始状态 $s=(a_1a_2\cdots a_n)$,生成序列 x 所需要的线性反馈移位寄存器的最小长度。

　　一般情况下,B - M 算法确定序列的线性复杂度是非常有效的,事实上,由 B - M 算法可以求得任一给定序列的线性复杂度。

　　在序列密码中,线性复杂度小的序列是不能用作密钥序列的,但也不是说,线性复杂度大的序列就一定能作为密钥序列。比如周期为 p 的序列:

$$000\cdots 0100\cdots 10$$

如果 p 很大,产生该序列的 LFSR 长度也很大,然而该序列显然不能作为密钥序列,它不满足 Golomb 的伪随机性假设。

　　线性复杂度是衡量序列密码安全性的重要指标,但是要衡量一个序列的性能,仅仅用线性复杂度是远远不够的,原因在于线性复杂度严格局限于线性方式。80 年代末至今,随着频谱理论在密码学中的应用,人们又提出了重量复杂度、球体复杂度、k -错复杂度、变复杂度距离、定复杂度距离以及序列的相关免疫性(correlation immunity)等指标,使序列密码的研究日趋完善。

习　题

　　1. 什么是伪随机序列? 什么是真随机序列?

　　2. 衡量序列随机性有哪些参数?

　　3. 分析线性同余发生器的优缺点。

　　4. 产生伪随机序列有哪些主要方法?

　　5. 设计一个伪随机数发生器。

　　6. 设计序列密码最关键的问题是什么?

　　7. 什么是 m 序列? 它的随机性如何?

　　8. 什么是 LFSR 的特征多项式和联结多项式?

　　9. 试分析给定序列(1111000 0000101 0011010 1111000 0000101 0011010 1111000 00101)的随机性。

　　10. 设序列的一个周期为(0111100101000111100110101110011111000),求其自相关函数。

　　11. 在线性同余发生器中,令 $a=31,m=109,C=19,x_0=3$

（1）求其输出序列；

（2）分析此序列的随机性。

12. 设 5 级 LFSR 的初始状态为 $(a_1 a_2 a_3 a_4 a_5)=(10011)$，反馈函数为 $f=a_1 \oplus a_4$，画出该 LFSR 的框图，求输出序列及周期。

13. 利用 B－M 算法求序列 (0011010) 的线性复杂度。

第 6 章　数论基础

数论研究数的规律,特别是整数的性质。它既是最古老的数学分支,又是一个始终活跃的领域。从研究方法上分类,数论可分为初等数论、代数数论和解析数论。数论的研究内容包括自然数的性质、不定方程的求解、数论函数的性质、实数的有理逼近、某些特殊类型的数(如费马数、完全数等)、整系数代数方程等等。

长期以来,数论被认为是数学中较"高雅"的部分,研究的内容非常艰深。在二十世纪中叶,电子计算机得到了飞速发展,计算机处理的是离散数据,这使离散数学日益显得重要,而数论作为离散数学的基础之一,也有了非常广阔的直接应用场合。近几十年来,数论在计算机科学、组合数学、代数编码、密码学、计算方法、信号处理等领域得到了广泛的应用。

本章介绍初等数论中最基础的知识,它们在密码学中有着非常重要的应用。

6.1　素数与互素

定义 6-1　设 a 和 b 是整数,$b \neq 0$,如果存在整数 c,使得 $a = bc$,则称为 b 整除 a,记作 $b \mid a$,并且称 b 是 a 的一个因子,而 a 为 b 的倍数。如果不存在整数 c,使得 $a = bc$,则称 b 不整除 a,记作 $b \nmid a$。

定义 6-2　一个大于 1 的整数,如果它的正因数只有 1 和它本身,则此数称为**素数**;否则叫作**合数**。

定理 6-1　(带余除法)设 $a, b \in \mathbf{Z}, b > 0$,则存在惟一确定的整数 q 和 r,使得
$$a = qb + r, \quad 0 \leqslant r < b$$

定义 6-3　设 a 和 b 是不全为零的整数,a 和 b 的最大公因数是指满足下述条件的整数 d:

(1) d 为 a 和 b 的公因数,即 $d \mid a$ 并且 $d \mid b$;

(2) d 为 a 和 b 的所有公因数中最大的,即对整数 c,如果 $c \mid a$,并且 $c \mid d$,则 $c \leqslant d$。

记作 $d = \gcd(a, b)$ 或 $d = (a, b)$。

如果 $a, b \in \mathbf{Z}, (a, b) = 1$,则称 a 和 b 互素。

定义 6 - 4 设 a 和 b 是两个非零整数，a 和 b 的最小公倍数是指满足下述条件的整数 m：

(1) m 为 a 和 b 的公倍数；

(2) 对于任意 a 和 b 的公倍数 c，有 $m \mid c$。

定理 6 - 2 （算术基本定理）任一大于 1 的整数 a 能表示成素数的乘积，即

$$a = p_1^{a_1} p_2^{a_2} \cdots p_t^{a_t}$$

其中 p_i 是素数，$a_i \geqslant 0, (1 \leqslant i \leqslant t)$ 并且若不考虑 p_i 的排列顺序则这种表示方法是惟一的。

6.2 费马定理和欧拉定理

6.2.1 费马定理

定理 6 - 3 （费马定理）若 p 是素数，p 不整除 a，则 $a^{p-1} \equiv 1 \bmod p$

费马定理的等价形式：$a^p \equiv a \bmod p$

证明 首先证明，当 $1 \leqslant i \leqslant p-1$ 时，素数 p 整除二项式系数 $\binom{p}{i} = \dfrac{p!}{i!\,(p-i)!}$

显然 p 整除分子。由于 $0 < i < p$，所以素数 p 不整除所有在分母中阶乘的因子。根据素数因子分解的惟一性，这就是说 p 不能整除分母。

根据二项式定理，$(x+y)^p = \sum\limits_{0 \leqslant i \leqslant p} \binom{p}{i} x^i y^{p-i}$

特别地，由于左边的系数是整数，所以右边也必须是整数。因此，所有二项式系数都是整数。

因此，当 $0 < i < p$ 时，二项式系数是整数并且其分式形式中的分子可以被 p 整除，而分母不能被 p 整除，所以，在分式化简完成后，分子中肯定存在因子 p。

下面通过对 x 进行归纳来证明费马定理。首先，显然 $1^p \equiv 1 \bmod p$，假设对某个特定的整数 x，存在 $x^p \equiv x \bmod p$，则

$$(x+1)^p = \sum_{0 \leqslant i \leqslant p} \binom{p}{i} x^i 1^{p-i} = x^p + \sum_{0 \leqslant i \leqslant p-1} \binom{p}{i} x^i + 1$$

等式右边的中间部分的所有系数整除 p，因此

$$(x+1)^p \equiv x^p + 0 + 1 \equiv (x+1) \bmod p$$

这就证明了定理。

这个结果又被称为费马小定理,它已有 350 多年的历史,是初等数论中一个基本结论。

例 6-1 $p=23, a=2$,则由费马定理直接可得 $2^{22} \equiv 1 \mod 23$。

6.2.2 欧拉定理

定义 6-5 设 n 为正整数,欧拉函数 $\varphi(n)$ 定义为满足条件:$0 < b < n$ 且 gcd$(b, n) = 1$ 的整数 b 的个数。

$\varphi(n)$ 有如下性质:

(1) 当 n 是素数时,$\varphi(n) = n-1$;

(2) 若 $n = 2^k$,k 为正整数,则 $\varphi(n) = 2^{k-1}$;

(3) 若 $n = pq$ 且 p, q 互素,则 $\varphi(n) = (p-1)(q-1)$;

(4) 若 $n = p_1^{a_1} p_2^{a_2} \cdots p_t^{a_t}$,$p_i (1 \leqslant i \leqslant t)$ 为素数,则

$$\varphi(n) = p_1^{a_1-1} p_2^{a_2-1} \cdots p_t^{a_t-1} (p_1-1)(p_2-1) \cdots (p_t-1)$$

定理 6-4 (**欧拉定理**)对任意整数 a、n,当 gcd$(a, n) = 1$ 时,有 $a^{\varphi(n)} \equiv 1 \mod n$。

证明 设小于 n 且与 n 互素的正整数集合为 $\{x_1, x_2, \cdots, x_{\varphi(n)}\}$,

由于 gcd$(a, n) = 1$,gcd$(x_i, n) = 1$,故对 $1 \leqslant i \leqslant \varphi(n)$,$ax_i$ 仍与 n 互素。因此 $ax_1, ax_2, \cdots, ax_{\varphi(n)}$ 构成 $\varphi(n)$ 个与 n 互素的数,且两两不同余。这是因为,若有 x_i,x_j,使得 $ax_i \equiv ax_j \mod n$,则由于 gcd$(a, n) = 1$,可消去 a,从而 $x_i \equiv x_j \mod n$。

所以 $\{ax_1, ax_2, \cdots, ax_{\varphi(n)}\}$ 与 $\{x_1, x_2, \cdots, x_{\varphi(n)}\}$ 在 mod n 的意义上是两个相同的集合,分别计算两个集合中各元素的乘积,有

$$ax_1 \cdot ax_2 \cdot \cdots \cdot ax_{\varphi(n)} \equiv x_1 \cdot x_2 \cdot \cdots \cdot x_{\varphi(n)} \mod n$$

由于 $x_1, x_2, \cdots, x_{\varphi(n)}$ 与 n 互素,故 $a^{\varphi(n)} \equiv 1 \mod n$。

推论 6-1 $a^{\varphi(n)+1} \equiv a \mod n$

n 为素数时,欧拉定理等同于费马定理,因此,费马定理是欧拉定理的特殊情形。

6.3 中国剩余定理

中国剩余定理是解一次同余方程组最有效的算法。在我国古代的《孙子算经》中记载了这样一道题:"今有物不知其数,三三数之剩二,五五数之剩三,七七数之剩二,问物几何?"这个问题可列方程组求解:设该物有 x 个,则

$$\begin{cases} x \equiv 2 \bmod 3 \\ x \equiv 3 \bmod 5 \\ x \equiv 2 \bmod 7 \end{cases} \tag{1}$$

孙子利用以下算法解此方程组。

首先,我们写出一次同余方程组的一般形式:

$$\begin{cases} x \equiv a_1 \bmod m_1 \\ x \equiv a_2 \bmod m_2 \\ \cdots \\ x \equiv a_k \bmod m_k \end{cases}$$

如果对任意 $1 \leqslant i, j \leqslant k, i \neq j$,有 $\gcd(m_i, m_j) = 1$,即 $m_1, m_2, \cdots, m_k$ 两两互素,则有以下固定算法:

(1) 计算 $M = m_1 m_2 \cdots m_k$,及 $M_i = \dfrac{M}{m_i}$;

(2) 求出各 M_i 模 m_i 的逆,即求 M_i^{-1},满足 $M_i M_i^{-1} \equiv 1 \bmod m_i$;

(3) 计算 $x = M_1 M_1^{-1} a_1 + \cdots + M_k M_k^{-1} a_k \bmod M$,$x$ 即为方程组的一个解。

根据该算法解方程组(1)

计算 $M = 3 \times 5 \times 7, M_1 = 35, M_2 = 21, M_3 = 15$,再求出 $M_1^{-1} = 2, M_2^{-1} = 1, M_3^{-1} = 1$,最后求得

$$x = 35 \times 2 \times 2 + 21 \times 3 + 15 \times 2 \equiv 23 \bmod 105。$$

例 6-2　求相邻的四个整数,依次可被 2^2、3^2、5^2、7^2 整除。

解　设四个整数为 $x-1$、x、$x+1$、$x+2$,则有

$$\begin{cases} x \equiv 1 \bmod 4 \\ x \equiv 0 \bmod 9 \\ x \equiv -1 \bmod 25 \\ x \equiv -2 \bmod 49 \end{cases}$$

计算

$M = 4 \times 9 \times 25 \times 49$

$M_1 = 9 \times 25 \times 49, M_2 = 4 \times 25 \times 49, M_3 = 4 \times 9 \times 49, M_4 = 4 \times 9 \times 25$

$M_1^{-1} = 1, M_2^{-1} = 7, M_3^{-1} = 9, M_4^{-1} = 30$

最终求得 $x \equiv 29349 \bmod 44100$。

6.4　素数的检测

判别给定的大整数是否为素数是数论中一个基本而古老的问题,具有很重要

的理论和实践意义,尤其是在密码学的研究中,由于许多公钥密码体制都要有大素数参与,从而使素性检测成为必不可少的内容。最古老的素性检测方法是 Eratosthenes 筛法,若待检测整数为 n,则用所有小于 $\sqrt{n}$ 的素数去除 n,用此法找出 n 的所有因子,如果这些素数均不能整除 n,则 n 为素数。这种方法速度极慢,更快的素性检测实际上仅仅能够得知是否为合数,而不能给出 n 的因子。在实际应用中,一般做法是先生成大的随机整数,再利用某些算法来检测其素性。

定理 6 - 5　素数有无穷多个。

证明　用反证法。假设只有有限多个素数,设 $p_1,p_2,\cdots,p_n$ 是全部的素数,考虑数 $N=p_1 p_2 \cdots p_n+1$,因为 $N>1$,且由算术基本定理,N 可以分解为素数的乘积,故一定存在素数 p 整除 N。由于 $p_1,p_2,\cdots,p_n$ 是全部的素数,故必有 $p=p_i$ 对某个 $1 \leqslant i \leqslant n$ 成立,从而 p 整除 $N-p_1 p_2 \cdots p_n=1$,显然这是不成立的,因此假设也不成立。所以素数有无穷多个。

定理 6 - 6　(**素数定理**)令 $\pi(x)$ 表示比 x 小的素数的个数,则 $\lim\limits_{x \to +\infty} \pi(x) = \dfrac{x}{\ln x}$。

素数定理是数论中一个著名的结论,它是在 1896 年,由 Hadamard 和 la Valleé-Poussin 分别独立证明的。根据该定理,如果在 0 到 x 之间随机选取一个整数,其为素数的概率约为 $\dfrac{1}{\ln x}$,因此,生成"可能为素数"的大整数是可行的。

根据费马小定理,如果 p 为素数,则对任意 $a,p \nmid a$,有

$$a^{p-1} \equiv 1 \mod p \tag{2}$$

费马小定理给出了判别一个给定整数是否为合数的充分条件:如果对某个 p,(2)式不成立,则 p 为合数。但如果某个 p 满足上式,则仍有可能是合数。当 p 不是素数,而(2)式仍然成立时,称 p 为关于底 a 的**伪素数**。

虽然费马小定理没有直接给出素性检测的一个有效算法,但是许多素性检验的算法都是从它发展出来的。特别地,如果增加条件,则可以得到判定素数的结果。19 世纪,卢卡斯得到了下面的素性判别定理:

定理 6 - 7　设正整数 $n>2$,$n-1=p_1^{a_1} \cdots p_t^{a_t}$,$a_j \geqslant 1$,$j=1,\cdots,t$,$p_1,\cdots,p_t$ 是不同的素数,如果有整数 $a>1$,使得

$$a^{n-1} \equiv 1 \pmod{n}, \text{且} a^{\frac{n-1}{p_i}} \equiv a \pmod{n}, \ i=1,\cdots,t,$$

则 n 是素数。

1975 年,莱梅等对卢卡斯的结果稍加推广,得到了如下的定理。

定理 6 - 8　设正整数 $n>2$,如果对 $n-1$ 的每一个素因子 p,存在一个整数 a $(a>1)$,使得

$$a^{n-1} \equiv 1 \ (\text{mod } n), \text{且 } a^{\frac{n-1}{p}} \not\equiv 1 \ (\text{mod } n),$$

则 n 是素数。

以上两个定理可以作为素性检测的确定算法,但判定时必须掌握 $n-1$ 的素因子分解,当 n 较大时,这是很难做到的。

在实际应用中,人们更倾向于使用素性判定的**概率算法**。概率算法可分为两种,一种偏"是"(yes-biased),被称为 **Monte Carlo 算法**,对于这种算法,回答为"是"时,总是正确的,回答为"否"时有可能不正确;另一种偏"否"(no-biased),被称为 **Las Vegas 算法**,这种算法回答为"是"时有可能不正确,回答为"否"时总是正确的。

下面介绍密码学中常用的两个素性检测的 Monte Carlo 算法,即 **Solovay-Strassen 算法**和 **Miller-Rabin 算法**。在介绍这两个算法之前,有必要补充一些数论知识。

定义 6-6 设 p 为一个奇素数,$p \nmid a$,如果同余方程 $x^2 \equiv a \ (\text{mod } p)$ 有解,则称 a 为模 p 的**二次剩余**,否则称 a 为模 p 的**二次非剩余**。

例 6-3 在 Z_{17} 中,模 17 的二次剩余为:1,2,4,8,9,13,15,16,二次非剩余为:3,5,6,7,10,11,12,14。

定理 6-9 (欧拉准则)设 p 为一个奇素数,a 为正整数,则 a 是一个模 p 的二次剩余当且仅当

$$a^{\frac{p-1}{2}} \equiv 1 \ (\text{mod } p)$$

定义 6-7 设 p 为奇素数,对于任一整数 a,定义 Legendre 符号 $\left(\dfrac{a}{p}\right)$ 如下:

$$\left(\frac{a}{p}\right) = \begin{cases} 0, & a \equiv 0 \ \text{mod } p \\ 1, & a \ \text{为模 } p \ \text{的二次剩余} \\ -1, & a \ \text{为模 } p \ \text{的二次非剩余} \end{cases}$$

Legendre 符号有以下性质:

(1) $\left(\dfrac{a}{p}\right) = \left(\dfrac{p+a}{p}\right)$;

(2) $\left(\dfrac{a}{p}\right) \equiv a^{\frac{p-1}{2}} \ (\text{mod } p)$;

(3) $\left(\dfrac{ab}{p}\right) = \left(\dfrac{a}{p}\right)\left(\dfrac{b}{p}\right)$;

(4) 当 $p \nmid a$ 时,$\left(\dfrac{a^2}{p}\right) = 1$;

(5) $\left(\dfrac{1}{p}\right) = 1, \left(\dfrac{-1}{p}\right) = (-1)^{\frac{p-1}{2}}$。

定义 6 - 8　若 n 是一个奇数,且 n 的素因子分解为: $n = \prod\limits_{i=1}^{k} p_i^{e_i}$,设 a 为整数,那么 Jacobi 符号 $\left(\dfrac{a}{n}\right)$ 定义为:

$$\left(\frac{a}{n}\right) = \prod_{i=1}^{k} \left(\frac{a}{p_i}\right)^{e_i} 。$$

当 n 为素数时,Jacobi 符号就是 Legendre 符号。

Jacobi 符号有如下性质:

(1) $\left(\dfrac{1}{p}\right) = 1$;当 $\gcd(a, p) > 1$ 时, $\left(\dfrac{a}{p}\right) = 0$;当 $\gcd(a, p) = 1$ 时, $\left(\dfrac{a}{p}\right)$ 取值为 ± 1 ;

(2) $\left(\dfrac{a}{p}\right) = \left(\dfrac{a+p}{p}\right)$;

(3) $\left(\dfrac{ab}{p}\right) = \left(\dfrac{a}{p}\right)\left(\dfrac{b}{p}\right)$;

(4) $\left(\dfrac{a}{p_1 p_2}\right) = \left(\dfrac{a}{p_1}\right)\left(\dfrac{a}{p_2}\right)$;

(5) 当 $\gcd(a, p) = 1$ 时, $\left(\dfrac{a^2}{p}\right) = \left(\dfrac{a}{p^2}\right) = 1$ 。

定理 6 - 10　(**Gauss 二次互反律**)设 p 、 q 为奇数且 $\gcd(p, q) = 1$,则有

$$\left(\frac{q}{p}\right)\left(\frac{p}{q}\right) = (-1)^{\frac{p-1}{2} \cdot \frac{q-1}{2}}$$

利用二次互反律及上述性质,可以很方便地计算 Legendre 符号和 Jacobi 符号。

例 6 - 4　$\left(\dfrac{105}{317}\right) = \left(\dfrac{317}{105}\right) = \left(\dfrac{2}{105}\right) = 1$

例 6 - 5　$\left(\dfrac{59}{211}\right) = -\left(\dfrac{211}{59}\right) = -\left(\dfrac{34}{59}\right) = -\left(\dfrac{2}{59}\right)\left(\dfrac{17}{59}\right) = \left(\dfrac{8}{17}\right) = 1$

引理 6 - 1　如果 n 是一个奇素数,则对所有 a , $1 \leqslant a \leqslant n-1$,有

$$a^{\frac{n-1}{2}} \equiv \left(\frac{a}{n}\right) \bmod n \tag{3}$$

引理 6 - 2　如果 n 是一个奇合数,则至多有一半满足 $1 \leqslant a \leqslant n-1$ 和 $\gcd(a, n) = 1$ 的整数满足(3)式。

下面介绍由 Robert Solovay 和 Volker Strassen 开发的素性检测算法,这个算法的理论根据是引理 6 - 1 和引理 6 - 2。

Solovay-Strassen 算法包括以下步骤:

(1) 随机选取整数 a ,使得 $1 \leqslant a \leqslant n-1$;

(2) 如果 $\gcd(a,n)\neq 1$，则 n 为合数；

(3) 计算 $j=a^{\frac{n-1}{2}} \bmod p$；

(4) 计算 Jacobi 符号 $\left(\dfrac{a}{n}\right)$，如果 $j\neq\left(\dfrac{a}{n}\right)$，那么 n 为合数；

(5) 如果 $j=\left(\dfrac{a}{n}\right)$，那么 n 不是素数的可能性至多为 50%。

当 $j=\left(\dfrac{a}{n}\right)$ 时，数 a 被称为 n 是素数的一个**证据**。由引理 6-2，如果 n 是合数，随机选择的 a 是证据的概率不小于 50%，随机选择 t 个不同的 a 值，重复做 t 次测试，当通过所有测试后，n 为合数的可能性不超过 $\dfrac{1}{2^t}$。

Solovay-Strassen 算法的计算复杂度为 $O((\log n)^3)$，它是一个多项式时间算法。

Miller-Rabin 算法是 NIST 的 DSS 协议中推荐的算法的简化版，该算法易实现，且已被广泛使用。

设待检测的整数为 n，Miller-Rabin 算法包括如下步骤：

(1) 计算 2 整除 $n-1$ 的次数 b（即 2^b 是能整除 $n-1$ 的 2 的最大幂），然后计算 m，使得 $n=1+2^b m$；

(2) 选择一个小于 n 的随机数 a；

(3) 设 $j=0$，计算 $z=a^m \bmod p$；

(4) 如果 $z=1$ 或 $z=n-1$，那么 n 通过测试，可能是素数；

(5) 如果 $j>0$ 且 $z=1$，那么 n 是合数；

(6) 令 $j=j+1$，如果 $j<b$ 且 $z\neq n-1$，设 $z=z^2 \bmod n$，然后返回到第五步，如果 $z=n-1$，那么 n 通过测试，可能是素数；

(7) 如果 $j=b$ 且 $z\neq n-1$，那么 n 为合数。

Miller-Rabin 算法也是一个多项式时间算法，其时间复杂度为 $O((\log n)^3)$，与 Solovay-Strassen 算法相同。数论中有定理表明，在 Miller-Rabin 算法中，随机选择的 a 是一个证据的概率不小于 75%，因此在实际运行中，Miller-Rabin 算法要比 Solovay-Strassen 算法好。

习　题

1. 设 n 为整数，证明：$\gcd(n,n+1)=1$。

2. 证明：设 n 为大于 2 的正整数，如果 n 不能被所有不大于 $\sqrt{n}$ 的素数整除，则

n 是素数。

3. 证明，对任意整数 n，有

(1) $6 \mid n(n+1)(n+2)$

(2) $8 \mid n(n+1)(n+2)(n+3)$

(3) $24 \mid n(n+1)(n+2)(n+3)$

(4) 若 2 不整除 n，则 $8 \mid (n^2-1)$ 及 $24 \mid n(n^2-1)$

4. 设 n 是大于 2 的整数，证明：n 和 $n!$ 间有素数，由此证明素数有无穷多个。

5. 利用费马定理计算 $3^{201} \bmod 11$。

6. 什么是欧拉函数？

7. 证明当 $n>2$ 时，$\varphi(n)$ 为偶数。

8. 证明：当 p 为素数时，$\varphi(p^i)=p^i-p^{i-1}$。

9. 求解同余方程组 $\begin{cases} x \equiv 12 \bmod 25 \\ x \equiv 9 \bmod 26 \\ x \equiv 23 \bmod 27 \end{cases}$

10. 求解同余方程组 $\begin{cases} 13x \equiv 4 \bmod 99 \\ 15x \equiv 56 \bmod 101 \end{cases}$

11. 什么是 Monte-Carlo 算法？什么是 Las Vegas 算法？

12. 什么是偏"是"的 Monte-Carlo 算法？什么是偏"否"的 Monte-Carlo 算法？

13. Meller-Rabin 测试可确定一个数不是素数，但不能确定一个数是素数，该算法如何用于素性检测？

14. 证明：若 n 是奇合数，则对 $a=1$ 和 $a=n-1$，Miller-Rabin 测试将返回"不确定"。

15. 若 n 是合数，且对底 a 通过了 Miller-Rabin 测试，则称 n 为对底 a 的**强伪素数**。证明 2047 是对底 2 的强伪素数。

第7章 公钥密码原理及 RSA 算法

7.1 公钥密码的原理

7.1.1 公钥密码的基本思想

前面已经介绍了分组密码和序列密码,这些密码有一个共同特点,就是加密和解密使用的密钥相同,或者可以很容易地从一个导出另一个,这样的密码体制被称为对称密码体制或单钥密码体制。

使用对称密码体制进行保密通信时,通信双方要事先通过秘密的信道传递密钥,而秘密信道是不易获得的。很久以来,密钥分发的问题一直困扰着密码专家。在二战期间,德国高级指挥部每个月都需要分发《每日密钥》月刊给所有的"Enigma"机操作员,即使对于大多数时间都必须远离基地的潜艇,也不得不想办法获得最新的密钥。在 20 世纪 70 年代,美国的银行系统尝试着雇用专职的密钥分发员,这些人都经过了严格的选拔,是最值得信任的员工。这些密钥分发员带着密钥箱到处旅行,亲手将密钥交给客户。随着商务网络的逐渐扩大,更多的信息需要送出,更多的密钥需要分发,银行发现分发密钥的开支变得无比昂贵。密钥分配所造成的时间延迟和费用问题是在大型信息处理网络上进行商业通信的一个主要障碍。

对称密码还有一个缺点,那就是密钥量太大。在有 n 个用户的通信网络中,每个用户要想和其它 $n-1$ 个用户进行通信,必须使用 $n-1$ 个密钥,而系统中的总密钥量将达到 $\binom{n}{2}=\dfrac{n(n-1)}{2}$。这样大的密钥量,在保存、传递、使用和销毁各个环节中都会有不安全因素存在。

此外,在一些需要验证消息的真实性和消息发送方身份的场合,比如在签署合同时,交易双方必须提供签名作为法律依据,以保证合同的有效性。而在进行电子交易时,必须有手写签名的数字形式即数字签名来确认身份,这是单钥密码无法做到的。

为了避免事先秘密地传递密钥,人们设想能否构造一种新的密码,不用事先传递密钥也能实现加密和解密。在单钥密码中,之所以要传递密钥,是因为加密和解密使用的密钥相同,那么,如果加密和解密使用的密钥不同,并且在不暴露解密密钥的情况下将加密密钥公开,这样就可以避免事先传递密钥所带来的不便。网络中的每一个用户都可以将他的加密密钥放在一本公用号码簿里。从而使系统中任何一个用户都能给其它用户发送一份只有指定接收者才能解密的密文,这就是公钥密码的基本思想。1976 年,Diffie 和 Hellman 发表论文“New Directions in Cryptography”,首先提出了这种思想。在 Diffie 和 Hellman 的设想中,用户 Alice 有一对加密密钥 e_A 和解密密钥 d_A,将 e_A 公开,d_A 保密,若 Bob 要给 Alice 发送加密信息,他需要在公开的目录中查出 Alice 的公开密钥 e_A,用它加密,Alice 收到密文后,用自己手中的解密密钥 d_A 解密,由于别人不知道 d_A,即使截获了密文,也是无法恢复明文的。

在公钥密码中,要求由公开的加密密钥推导出解密密钥在计算上是困难的。因此在构造公钥密码体制时,通常要使用一些计算上困难的问题,即 NP 完全问题。公钥密码中经常使用的 NP 完全问题有背包问题、分解大整数问题、离散对数问题等等,这些问题在现有的计算条件下都是很难解决的。

与单钥密码相比,公钥密码有以下特点:

(1) 加密算法是一个数学函数,而不是分组密码中的代替—置换网络;

(2) 密码的安全性取决于计算上困难问题的难解性;

(3) 公钥密码的密钥量大大减小,并且无须事先传递密钥;

(4) 公钥密码算法的计算量通常比单钥密码大得多。

7.1.2　公钥密码中常用的难解问题

1. 背包问题

背包问题的描述如下:已知一个背包中最多可装入的重量为 K,现有 n 个重量分别为 $a_1, a_2, \cdots, a_n$ 的物品,从这 n 个物品中选出若干个恰好装满背包。

背包问题在数学上被描述为子集合问题:从一个给定的正整数集合 $\{a_1, a_2, \cdots, a_n\}$ 中寻找一个其和等于 K 的子集,即求解不定方程 $\sum\limits_{i=1}^{n} x_i a_i = K$ 的解向量 $\boldsymbol{X} = (x_1, x_2, \cdots, x_n)$,其中 $x_i \in \{0, 1\}$。

背包问题是一个 NP 完全问题,不存在多项式解法,对于一个给定的问题实例,有效的解法是穷举搜索解空间 F_2^n,直到找出满足条件的解。反之,如果给定一个 0 - 1 向量,很容易验证它是不是问题实例的解。

例 7 - 1　背包问题的一个实例

设 $n=10$,物品重量集合为 $A = (24, 103, 85, 114, 10, 69, 211, 6, 27, 32)$,背包

重量 $K=329$。

要解决此问题,相当于求解不定方程 $\sum_{i=1}^{10} x_i a_i = 329$,需要穷举搜索 2^{10} 次,但若给定向量 $\boldsymbol{\alpha}=(1\,0\,1\,1\,1\,1\,0\,0\,1\,0)$,易验证它是不是背包问题的解,事实上,

$$a_1+a_3+a_4+a_5+a_6+a_9=24+85+114+10+69+27=329$$

2. 离散对数问题

已知 p 是素数,给定 g,m,求整数 x,使 $g^x\equiv m \bmod p$,该问题同样是一个难解易验证的问题。许多常见的公钥密码算法的安全性,可归结为在一个较大的域中求离散对数的计算复杂性问题。

3. 因数分解问题

由于公钥密码体制 RSA 是基于大整数分解的困难性而构造的,所以该问题又被称为 RSA 问题。

已知 N 是两个大素数的乘积,因数分解问题表现为四种形式:

(1) 求出 N 的两个因子;

(2) 给定整数 m,c,求 d 使 $c^d\equiv m \bmod N$;

(3) 给定整数 e,c,求满足 $m^e\equiv c \bmod N$ 的整数 m;

(4) 给定整数 x,决定是否存在整数 y,使 $x\equiv y^2 \bmod N$。

公钥密码的安全性取决于构造算法所依赖的数学问题的计算复杂性,所以公钥密码在理论上是不安全的。但在实际应用中有着足够高的安全性。

设计公钥密码的关键问题是寻找合适的单向陷门函数。

所谓**单向函数**,是指对于函数 $f(x)$,已知自变量 x 的值,求函数值 $f(x)$ 很容易,但函数值 $f(x)$ 已知时,求自变量 x 是困难的。如果在已知 $f(x)$ 和一个“附加”信息后,求 x 也是容易的,则称该函数为**单向陷门函数**。其中的“附加”信息叫作“**陷门(trapdoor)**”信息。

在公钥密码中,可以用一个单向陷门函数作为加密函数,合法的接收方掌握着“陷门”信息——解密密钥,解密密钥已知时,解密的过程是非常容易的,而解密密钥未知时,解密是一个计算上困难的问题。

7.1.3 背包密码

这里,我们介绍一种基于背包问题的公钥密码算法。

有一类背包问题是易解的,那就是所谓的**超递增背包问题**。如果背包向量 A $=(a_1,a_2,\cdots,a_n)$ 满足 $a_i > \sum_{j=1}^{i-1} a_j$,$1\leqslant i\leqslant n$,则称 A 为超递增背包向量,此时的背

包问题就是一个超递增背包问题。解此问题的算法称为"贪心算法",设背包容量为 K,先用背包向量中最大的分量 a_n 与 K 比较,得到 x_n 的值, $x_n = \begin{cases} 1, & K \geqslant a_n, \\ 0, & K < a_n, \end{cases}$ 再令 $K_1 = K - x_n a_n$,用 a_{n-1} 与 K_1 比较,又可以得到 x_{n-1} 的值,依此类推,可以求出全部分量。

例 7-2　用贪心算法解超递增背包问题。

超递增背包向量 $\boldsymbol{A} = (1, 3, 7, 13, 26, 65, 119, 256)$,背包容量 $K = 99$。

由于 $99 < 256$,所以 $x_8 = 0$;

$99 < 119, x_7 = 0$

$99 > 65, x_6 = 1$

$99 - 65 = 34 > 26, x_5 = 1$

$34 - 26 = 8 < 13, x_4 = 0$

$8 > 7, x_3 = 1$

$8 - 7 = 1 < 3, x_2 = 0$

$1 = 1, x_1 = 1$

求出的解向量为 (10101100)。

利用超递增背包问题是易解的这一条件,可以设法构造一种密码,令解密对于合法的接收者是一个超递增背包问题,而对非法的窃听者是一个普通背包问题,在两者之间实施某种特定的转化,这一转化的方法可以作为陷门信息,由接收方掌握。这就是历史上第一个公钥密码算法——背包密码的基本思想。背包密码是 1978 年由 Merkle 和 Hellman 构造的。

系统的构造分为以下几步:

(1) 将超递增向量 $\boldsymbol{A} = (a_1, a_2, \cdots, a_n)$ 作为秘密密钥;

(2) 随机选择整数 m, ω,满足 $m \geqslant \sum_{i=1}^{n} a_i$,且 $(m, \omega) = 1, 0 < \omega < m$;

(3) 求出 ω 模 m 的逆元 ω^{-1},即 $\omega \omega^{-1} \equiv 1 \bmod m$;

(4) 计算 $a_i' = \omega a_i \bmod m, 1 \leqslant i \leqslant n$,得到新的普通背包向量 $\boldsymbol{A}' = (a_1', a_2', \cdots, a_n')$;

(5) 将 $\boldsymbol{A}'$ 公开, $m, \omega, \boldsymbol{A}$ 保密。

加密过程:设明文消息为 $\boldsymbol{X} = (x_1, x_2, \cdots, x_n), x_i \in \{0, 1\}, 1 \leqslant i \leqslant n$,计算 $S = \sum_{i=1}^{n} x_i a_i'$,整数 S 即为密文。

解密过程:用户收到 S 后,计算 $S' \equiv \omega^{-1} S \bmod m$

由于 $m \geqslant \sum_{i=1}^{n} a_i$,故 $S' = \sum_{i=1}^{n} x_i a_i$,解这个超递增背包问题,即可求出明文 X。

例 7 - 3 设超递增向量为 $A = (1,3,7,13,26,65,119,256)$，选取 $m = 523, \omega = 467$，利用欧几里德算法求出 $\omega^{-1} = 28$。

对超递增向量进行变换，用 ω 去乘 A 的每一分量，再模 m，得到普通背包向量 $A' = (467,355,131,318,113,21,135,245)$，将其公开作为加密密钥。将参数 m, ω 及 A 保密。

假设明文信息为(10101100)

对其加密时，计算 $S = \sum_{i=1}^{8} x_i a'_i = 467 + 131 + 113 + 21 = 732$，密文即为整数 732。

解密时，用 ω^{-1} 与 S 相乘模 m，得到整数 S'，
$$S' = 723 \times 28 = 20496 \equiv 99 \bmod 523$$

再利用秘密密钥 A 解超递增背包问题 $\sum_{i=1}^{8} x_i a_i = 99$，可得到各 x_i 的值，从而求出明文为(10101100)。

背包密码在安全性上存在明显的漏洞，攻击者为了将普通背包问题转化为一个超递增的背包问题并不需要找到秘密的 ω 和 m，只要找到了任意的 ω' 和 m' 使得向量 $B = (a'_1 \omega' \bmod m', a'_2 \omega' \bmod m', \cdots, a'_n \omega' \bmod m')$ 为超递增的，就可以将此问题转化为一个相对容易的问题。按照这个思想，Adi Shamir 在 1978 年发明了一种方法，可以在多项式时间内找到一对 (ω', m')，以将公布的向量转化为一个超递增向量。这样就破译了背包密码。

此外，背包密码很容易遭受选择密文攻击。

背包密码除了 Merkle-Hellman 体制外，还有其它形式如 Galois 域上的背包密码、Chor-Rivest 背包密码等等，但到目前为止，只有 Chor-Rivest 背包密码还没有被人们用数学方法破译。破译背包密码的理论基础是 L^3 格基归约算法，破译方法常见的有两种：一种是 Shamir 的方法，一种是 Lagarias 和 Odlyzko 的方法。

7.1.4 Diffie-Hellman 密钥交换协议

Diffie 和 Hellman 在发表论文"New Directions in Cryptography"时，只是提出了公钥的思想，并没有构造出一种可行的公钥密码算法，但他们给出了一种通信双方无须事先传递密钥也能利用单钥密码体制进行保密通信的方法，这就是 Diffie-Hellman 密钥交换协议。通过该协议，通信双方可以建立一个秘密的密钥，即一次会话中使用的**会话密钥**。该协议充分体现了公钥密码的思想，其安全性基于离散对数问题。

D - H 协议通过以下步骤交换密钥：

Alice 和 Bob 利用对称密码体制进行保密通信时,为了协商一个共用的会话密钥,需要进行以下操作:

(1) 选择大素数 p,及模 p 的原根 g,将其公开;

(2) A 随机选择整数 x_A,计算 $y_A \equiv g^{x_A} \bmod p$,将 y_A 传给 B;

(3) B 随机选择整数 x_B,计算 $y_B \equiv g^{x_B}$,将 y_B 传给 A;

(4) A 计算 $y_B^{x_A} \equiv g^{x_B x_A} \bmod p$,$B$ 计算 $y_A^{x_B} \equiv g^{x_A x_B} \bmod p$,易知两者是相等的,将 $k \equiv g^{x_A x_B} \bmod p$ 作为双方的通信密钥。

该协议的安全性是基于这样一个假设,即已知 $g^{x_A x_B}$ 和 g^{x_A},求 x_B 是困难的。Diffie 和 Hellman 假设此问题等价于离散对数问题。

7.2　RSA 密码

1977 年,麻省理工学院的三位数学家 Ron Rivest,Adi Shamir 和 Len Adleman,在经过将近一年的探讨后,成功地设计了一个公钥密码算法,该算法根据其设计者的名字命名为 RSA。在其后的二十年内,RSA 成为世界上应用最为广泛的公钥密码体制。

7.2.1　算法的构造

在 RSA 系统中,每个用户有公开的加密密钥 n、e 和保密的解密密钥 d,这些密钥通过以下步骤确定:

(1) 用户选择两个大素数 p、q,计算 $n = pq$,以及 n 的欧拉函数值 $\varphi(n) = (p-1)(q-1)$;

(2) 选择随机数 e,要求 $1 < e < \varphi(n)$,且 $\gcd(e, \varphi(n)) = 1$;

(3) 求出 e 模 $\varphi(n)$ 的逆 d,即 $ed \equiv 1 \bmod \varphi(n)$;

(4) 将 n、e 公开,d 保密。

加密时,首先要将明文编码成为十进制数字,再分为小于 n 的组。设 m 为一组明文,

要向用户 Alice 发送加密信息时,利用 Alice 的公开密钥 n_A、e_A,计算

$$c = E(m) = m^{e_A} \bmod n_A$$

求出的整数 c 即为密文。

Alice 收到 c 后,利用自己的解密密钥 d_A,计算 $D(c) = c^{d_A} \bmod n_A$,由第 6 章 6.2 节的欧拉定理,这里计算出的 $D(c)$ 恰好等于加密前的明文 m。事实上,由于 $e_A d_A \equiv 1 \bmod \varphi(n_A)$,从而 $\varphi(n_A) \mid e_A d_A - 1$,设 $e_A d_A = t \cdot \varphi(n_A) + 1$,$t$ 为整数,当 $(m, \varphi(n_A)) = 1$ 时,有 $m^{\varphi(n_A)} \equiv 1 \bmod n_A$,所以

$$D(c)=m^{e_A d_A}=m^{t\cdot\varphi(n_A)+1}\equiv(m^{\varphi(n_A)})^t\cdot m\equiv m \bmod n_A$$

这里对于每一个明文分组 m，要求其与模数 n 互素，否则解密时可能得不到正确明文。那么，对明文的这种限制是否使这种密码算法不实用呢？显然，符合条件的明文数目为 $\varphi(n)=(p-1)(q-1)$，任选一组明文，与 n 互素的概率为

$$P_{(m,n)=1}=\frac{\varphi(n)}{n}=1-\frac{1}{p}-\frac{1}{q}+\frac{1}{pq},$$

当 p、q 很大时，这个概率接近 1。这说明绝大多数明文都可以加密。对于不能正常加密的明文分组，可以选择适当的编码方式，将其转换为与 n 互素的整数即可。

例 7 - 4　RSA 系统

选 $p=53$，$q=41$，$n=pq=2173$，$\varphi(n)=2080$，选择 $e=31$，计算 $d=671$，将 n、e 公开，d 保密。设明文 m 为 374，对其加密，得到密文

$$c=m^3\equiv446 \bmod 2173$$

解密时，计算 $c^d=374 \bmod 2173$，恢复出明文 374。

注：形如 $n=pq(p,q$ 为不同的素数)的整数被称为 RSA 模数或 Blum 整数。

7.2.2　RSA 的实现及应用

比起分组密码，公钥密码的实现速度是非常慢的。用硬件实现时，RSA 比 DES 慢了 1000 倍，用软件实现时也要慢 100 倍。随着技术的发展，这种差距可能会发生变化，但 RSA 的速度永远也不会达到对称密码的速度，因而 RSA 不适于直接用来加密大量的明文信息，而是将其用于密钥管理，与分组密码相结合，构成混合密码体制。

RSA 的加密过程是一个模 n 的指数运算，计算 $m^e \bmod n$，这个运算有一个快速实现的算法如下：

首先，将 e 表示为二进制形式

$$e=a_0+2a_1+4a_2+\cdots+2^{r-1}a_{r-1},\quad r=\lceil \log_2 e\rceil,\ a_i\in\{0,1\}$$

然后预计算出

$$m_1=m^2 \bmod n$$
$$m_2=m_1^2 \bmod n\equiv m^4 \bmod n$$
$$\cdots$$
$$m_{r-1}=m_{r-2}^2 \bmod n\equiv m^{2^{r-1}} \bmod n$$

其中 $0<m_i\leqslant n-1,1\leqslant i\leqslant r-1$，

由于

$$m^e=m^{a_0+2a_1+\cdots+2^{r-1}a_{r-1}}=m^{a_0}\cdot(m^2)^{a_1}\cdots(m^{2^{r-1}})^{a_{r-1}}$$

而

$$(m^{2^i})^{a_i}=\begin{cases} 1, & a_i=0 \\ m^{2^i}, & a_i=1 \end{cases}$$

对于给定的 e，只需根据其二进制表示，取出 $a_i=1$ 的 m^{2^i} 相乘即可，由于中间结果均为小于 n 的整数，从而使运算量大大减小。

例 7-5　计算 $374^{31} \bmod 2173$

作预计算

$$374^2=139876\equiv804 \bmod 2173$$
$$374^4=804^2=646416\equiv1035 \bmod 2173$$
$$374^8=1035^2=1071225\equiv2109 \bmod 2173$$
$$374^{16}=2109^2=4447881\equiv1923 \bmod 2173$$

由于

$$31=1+2+4+8+16$$

所以

$$374^{31}=1923\times2109\times1035\times804\times374$$
$$\equiv446 \bmod 2173$$

7.2.3　RSA 的安全性

RSA 的安全性是基于这样一个假设，即其安全性完全依赖于大数分解问题的困难性。更精确地说，RSA 的安全性依赖于对一种特殊形式的数 $n=pq$（p、q 为素数）进行分解的困难性。

对 RSA 常见的攻击方法有：

（1）分解 n

攻击 RSA 体制最直接的方式就是试图分解模数 n，得到 p、q，求出 $\varphi(n)$，从而由 e 和 $\varphi(n)$ 求出解密密钥 d。分解一个整数当然可以用原始的试除法，但这样做效率太低。今天对大整数进行分解最有效的三种算法是二次筛法（quadratic sieve）、椭圆曲线分解算法（elliptic curve factoring）和数域筛法（number field sieve）。其他著名算法还有 Pollard 的 ρ 方法和 $\rho-1$ 算法、Dixon 的随机平方算法、William 的 $p+1$ 算法、连分式算法（continued fraction）等等。

分解大整数较为成熟的算法是数域筛法，这种方法对于分解 n 位整数的渐进运行时间大约为 $e^{2n^{\frac{1}{3}}\log^{\frac{2}{3}}n}$。

110 位的 RSA 早已能分解，Rivest 最初悬赏 100 美元，破译 129 位整数，有 43 个国家的 600 多人参与，用了 1600 台计算机同时运行，耗时 8 个月，最终在 1994

年 4 月 2 日分解成为 65 位×64 位的两个因子。130 位的 RSA 数于 1996 年 4 月 10 日被分解。目前 1024 bit 以上的 RSA 被认为是符合安全性要求的。

（2）对 d 的值直接猜测

实践证明这是一种穷举搜索法。

（3）直接猜测 $\varphi(n)$

这并不比分解 n 容易。因为若能猜出 $\varphi(n)$，则由

$$\begin{cases} \varphi(n) = pq - p - q + 1 \\ n = pq \end{cases}$$

很容易求出 n 的分解。已证明这种方法等价于分解 n。

（4）小指数攻击

当加密指数 e 较小时，可加快运算速度，但易受攻击。

如果采用不同的模数 n 及相同的 e 值，对 $\dfrac{e(e+1)}{2}$ 个线性相关的消息加密，则存在一种攻击方法（见例 7-6）。如果消息也相同，则用 e 个消息就够了。

例 7-6 三个用户的加密密钥 e 均为 3，而有不同的模数 n_1、n_2、n_3，这里要求 n_1、n_2、n_3 两两互素，若要同时向这三个用户发送广播消息 m，先对 m 分别加密，计算

$$c_1 \equiv m^3 \bmod n_1$$
$$c_2 \equiv m^3 \bmod n_2$$
$$c_3 \equiv m^3 \bmod n_3$$

这里 $m < \min\{n_1, n_2, n_3\}$。

密码分析者截获到这三个密文后，由于 n_1、n_2、n_3 两两互素，可用中国剩余定理求出

$$c \equiv m^3 \bmod n_1 n_2 n_3,$$

由于 $m < \min\{n_1, n_2, n_3\}$，故 $m^3 < n_1 n_2 n_3$，因此有 $m = \sqrt[3]{c}$，这样就得到了明文 m。

防止这种攻击的方法：对于短的消息，可用独立的随机值填充，使其足够长，即令消息 m 满足 $m^3 > n_1 n_2 n_3$，这样便可防止小指数攻击。PEM 和 PGP 中都是这样做的。

另外，解密指数 d 太小时也易受攻击，Michael Wiener 提出一种低解密指数攻击方法，当 $3d < n^{\frac{1}{4}}$ 且 $q < p < 2q$ 时，可以成功地计算出 d，即如果 n 的长度为 l bit，当 d 的二进制表示的位数小于 $\dfrac{l}{4} - 1$，且 p 和 q 相距不太远时攻击有效。

（5）定时攻击

定时攻击通过观察解密所需时间来确定解密密钥。如果 d 的二进制表示中 1 的数目较多，则解密需要的运算时间也较长。

7.2.4　RSA 的参数选择

1. n 的确定

n 的确定可归结为如何选择 p、q,对于 p 和 q,有以下一些要求:

(1) p、q 要足够大

一般选为 $100 \sim 200$ 位十进制数。这里关键的问题在于素数的判定,即给定一个大整数,判定其是否为素数。素数的判定有 6.4 节中的 Solovay-Strassen 法和 Miller-Rabin 法,还有 Lehman 法、Demytko 法等,它们都是利用数论的知识构造的。

(2) p、q 之差要大

若 p、q 之差较小,不妨设 $p > q$,则 $\dfrac{p-q}{2}$ 也较小,由

$$n = pq = \frac{(p+q)^2}{4} - \frac{(p-q)^2}{4},$$

当 $\dfrac{p-q}{2}$ 很小时,$\dfrac{(p+q)^2}{4}$ 接近 n,从而 $\dfrac{p+q}{2}$ 接近 $\sqrt{n}$,只比 $\sqrt{n}$ 稍大一点,可以逐个检验大于 $\sqrt{n}$ 的整数 x,直到找到一个 x,使得 $x^2 - n$ 是一个平方数。设 $x^2 - n = y^2$,则由

$$\begin{cases} \dfrac{p+q}{2} = x \\ \dfrac{p-q}{2} = y \end{cases}, \text{推出} \begin{cases} p = x + y \\ q = x - y \end{cases}。$$

例 7 - 7　若 $n = 97343$,则 $\sqrt{n} = 311.998$,而 $312^2 - n = 1$,因此得到 $p = 313$,$q = 311$,可以验证 $n = pq$。

(3) $p-1$ 和 $q-1$ 要有大的素因子

若 $p-1$ 和 $q-1$ 的素因子均较小,则存在一种分解 n 的算法如下:

设 $p - 1 = \prod\limits_{i=1}^{t} p_i^{a_i}$,$p_i$ 为素数,a_i 为整数。若 $p_i (i = 1, 2, \cdots, t)$ 都较小,可选择整数 $a \geqslant a_i$(对所有 i),令 $R = \prod\limits_{i=1}^{t} p_i^{a}$,显然 $(p-1) \mid R$,设 $R = (p-1)m$,m 为正整数。下面对比较小的素数依次作检测,从 2 开始,首先有 $2^R = (2^{p-1})^m$,由费马定理,$2^{p-1} \equiv 1 \bmod p$,故 $2^R \equiv 1 \bmod p$,令 $2^R \equiv x \bmod n$,若 $x = 1$,则选 3 代替 2。若 x 仍为 1,则选 5 代替 3,直到 $x \neq 1$。

此时,由于 $p \mid 2^R - 1$,$n \mid 2^R - x$,可设 $2^R - 1 = k_1 p$,$2^R - x = k_2 n$(k_1、k_2 为整数),故 $x - 1 = k_1 p - k_2 n$,所以 $p \mid x - 1$,从而 $\gcd(x-1, n) = p$,可利用欧几里德算法求出 p,从而分解 n。

当然,前面对 R 的猜测是在 $p-1$ 的分解未知的情况下进行的,但因 $p-1$ 的素因子都较小,可用所有的小素数试,这样做可以使分解 n 的难度略有降低。

例 7-8 设 $n=pq=118829$,分解 n。

可用所有小于 14 的素数试。

假设 $a_i=1$,为简单起见也设 $a=1$,构造 $R=\prod_{p_i<14}p_i=2\times3\times5\times7\times11\times13$,则 $2^R=103935 \bmod n$,由欧几里德算法易求 $\gcd(103935-1,118829)=331$,可验证 $n=331\times359$。

由于 330 的素因子都较小(不超过 14),所以这种分解方法很容易成功。

为避免这种情况,在 RSA 算法中,通常选择 p、q 为**强素数**。

所谓强素数,是指满足以下条件的素数 p:

• 存在两个大素数 p_1、p_2,使 $p_1|p-1$,$p_2|p+1$;

• 存在四个大素数 r_1、s_1、r_2、s_2,使 $r_1|p_1-1$,$s_1|p_1+1$,$r_2|p_2-1$,$s_2|p_2+1$。

通常又称 p_1、p_2 为二级素数,r_1、s_1、r_2、s_2 为三级素数。

(4) $p-1$ 与 $q-1$ 的最大公约数要大

在惟密文攻击时,假设破译者截获了密文 $c\equiv m^e \bmod n$,他可作如下递推运算:

$$m_1=c$$
$$m_2\equiv m_1^e\equiv m^{e^2} \bmod n$$
$$\cdots$$
$$m_i\equiv(m_{i-1})^e\equiv m^{e^i} \bmod n$$

若存在某个 i,使 $e^i\equiv1 \bmod \varphi(n)$,则有 $m_i\equiv m \bmod n$,并且 $e^{i+1}\equiv e \bmod \varphi(n)$,即 $m_{i+1}\equiv c \bmod n$。从而可推测,m_i 即为明文 m。当 i 取值较小时,这种方法易成功,而 i 与 $p-1$ 和 $q-1$ 的最大公因子有关。这是因为,若 $i=\varphi(\varphi(n))=\varphi((p-1)(q-1))$,则必满足 $e^i\equiv1 \bmod \varphi(n)$,如果 $p-1$ 和 $q-1$ 的最大公因子较小,则 $\varphi(\varphi(n))$ 也较小,从而易求出满足条件的 i。

2. e 和 d 的选择

首先,加密指数 e 要满足 $\gcd(e,\varphi(n))=1$。除此之外,为减少计算量,可令 e 的二进制表示中 1 的数目尽量少,Knuth 和 Shamir 曾建议选 $e=3$,但 e 太小时易遭受小指数攻击。为此,可选 $e=2^{16}+1=65537$。另外,e 在 $\bmod \varphi(n)$ 中的阶数,即满足 $e^i\equiv1 \bmod \varphi(n)$ 的最小整数 i,要达到 $\dfrac{(p-1)(q-1)}{2}$。

e 选定后,可用欧几里德算法在多项式时间内求出 d。与 e 相似,d 也不能太小,否则易受攻击。

请思考在例 7-6 中,为什么要求三个用户的模数两两互素?

习　题

1. 在公钥密码体制中,公开密钥和秘密密钥的作用分别是什么?

2. 为得到安全算法,公钥密码体制应该满足哪些要求?

3. 什么是单向函数? 什么是陷门?

4. 什么是 NP 完全问题? 举出三个例子。

5. 相对于传统密码,公钥密码有什么优点?

6. 背包密码中的公开密钥是什么,秘密密钥是什么?

7. 在背包密码体制中,为什么要求 $m \geqslant \sum\limits_{i=1}^{n} a_i$?

8. 设超递增序列为(2,3,6,13,27),用户选择 $p=60, \omega=17$,利用此密码系统对明文(01101)加解密,写出运算过程。

9. 分析背包密码体制的优缺点。

10. 用 RSA 算法对下列数据实现加密和解密。

    (1) $p=3, q=11, e=7, M=5$

    (2) $p=5, q=11, e=3, M=9$

    (3) $p=7, q=11, e=17, M=8$

    (4) $p=17, q=31, e=7, M=2$

11. 设 RSA 密码的加密密钥为 3,模数分别为 12091、14659、15943,请计算各自的解密密钥。

12. 在使用 RSA 的公钥体制中,已截获发给某用户的密文 $C=10$,该用户的公钥 $e=5, n=35$,那么明文 M 是多少?

13. 在 RSA 体制中,已知 $e=31, n=3599$,求私钥 d。

14. 在 RSA 体制中,假定某用户的私钥已泄密,此时只产生新的公钥和私钥,而不更新模数 n,这样做是否安全?

15. 考虑以下加密方法:

    Ⅰ　选择一个奇数 E

    Ⅱ　选择两个素数 P 和 Q,其中 $(P-1)(Q-1)-1$ 是 E 的偶数倍

    Ⅲ　用 P 和 Q 相乘得到 N

    Ⅳ　计算 $D = \dfrac{(P-1)(Q-1)(E-1)+1}{E}$

    Ⅴ　将 E 和 N 公开,D 保密

这种方法是否与 RSA 等价? 请说明原因。

16. Bob 用下述方法对发送给 Alice 的消息加密：

Ⅰ　Alice 选择两个大素数 P 和 Q

Ⅱ　Alice 公布其公钥 $N=PQ$

Ⅲ　Alice 计算 P' 和 Q'，使得 $PP'\equiv1\bmod(Q-1)$ 且 $QQ'\equiv1\bmod(P-1)$

Ⅳ　Bob 计算 $C=M^N\bmod N$

Ⅴ　求解 $M\equiv C^{P'}\bmod Q$ 和 $M\equiv C^{Q'}\bmod P$，得出 M

(1) 试说明这种方法的工作原理。

(2) 它与 RSA 有什么不同？

(3) 与这种方法相比，RSA 有哪些优点？

17. 设 $n=pq$，其中 p 和 q 为不同的奇素数，定义 $\lambda(n)=\dfrac{(p-1)(q-1)}{\gcd(p-1,q-1)}$，对
RSA 体制作如下修改：$ed\equiv1\bmod\lambda(n)$，

(1) 证明加密和解密在修改后的算法中仍为逆运算。

(2) 如果 $p=37,q=79,e=7$。计算在修改后的密码体制中以及原来的 RSA
体制中 d 的值。

18. 如果 $E_k(m)=m$，则明文 m 称为**不动点**。证明在 RSA 体制中，不动点的
个数等于 $\gcd(e-1,p-1)*\gcd(e-1,q-1)$。

19. 在 RSA 密码体制中，$n=36581$，用户 Bob 的公开密钥为 $e=4679$，假定
Bob 由于粗心泄露了私钥 $d=14039$，试利用这些信息分解 n，写出计算过程。
在 RSA 体制中，

(1) 假设 $n=pq$，且 $q-p=2d$，证明 $n+d^2$ 是一个完全平方数。

(2) 给定一个整数 n 是两个奇素数的乘积，且给定一个小的正整数 d 使得
$n+d^2$ 是一个完全平方数，设计一个算法利用这些信息来分解 n。

(3) 使用这个技巧来分解整数 $n=2\ 189\ 284\ 635\ 403\ 183$。

第8章 椭圆曲线及其它公钥密码体制

8.1 椭圆曲线密码

8.1.1 椭圆曲线

定义 8 – 1 由三次方程(weierstrass 方程)
$$y^2 + axy + by = x^3 + cx^2 + dx + e$$
所确定的平面曲线称为椭圆曲线(elliptic curve),满足方程的点称为曲线上的点。若系数 a, b, c, d, e 来自有限域 F_p,则曲线上的点数目也是有限的,这些点再加上一个人为定义的无穷远点 O,构成集合 $E(F_p)$,$E(F_p)$ 的点数记作 $\sharp E(F_p)$。

Hasse 证明了:$p + 1 - 2\sqrt{p} \leqslant \sharp E(F_p) \leqslant p + 1 + 2\sqrt{p}$

在构造密码系统时,我们主要关心这样一种椭圆曲线,其方程为
$$y^2 = x^3 + ax + b, \ x, y, a, b \in F_p$$

定理 8 – 1 椭圆曲线上的点集合 $E(F_p)$ 对于如下定义的加法规则构成一个 Abel 群。

(1) $O + O = O$;

(2) 对 $\forall (x, y) \in E(F_p)$,$(x, y) + O = (x, y)$;

(3) 对 $\forall (x, y) \in E(F_p)$,$(x, y) + (x, -y) = O$,即点 (x, y) 的逆为 $(x, -y)$;

(4) 若 $x_1 \neq x_2$,则 $(x_1, y_1) + (x_2, y_2) = (x_3, y_3)$,其中
$$\begin{cases} x_3 = \lambda^2 - x_1 - x_2 \bmod p \\ y_3 = \lambda(x_1 - x_3) - y_1 \bmod p \end{cases}, \lambda = \frac{y_2 - y_1}{x_2 - x_1} \bmod p;$$

(5) (**倍点规则**)对 $\forall (x_1, y_2) \in E(F_p)$,$y_1 \neq 0$,则 $2(x_1, y_1) = (x_2, y_2)$,其中
$$\begin{cases} x_2 = \lambda^2 - 2x_1 \bmod p \\ y_2 = \lambda(x_1 - x_2) - y_1 \bmod p \end{cases}, \lambda = \frac{3x_1^2 + a}{2y_1} \bmod p$$

以上规则体现在曲线图形上,含义为:

(1) O 是加法单位元;

(2) 一条与 x 轴垂直的线和曲线相交于两个 x 坐标相同的点,即 $P_1 = (x, y)$ 和 $P_2 = (x, -y)$,同时它也与曲线相交于无穷远点,因此 $P_2 = -P_1$;

（3）横坐标不同的两个点 R 和 Q 相加时，先在它们之间画一条直线并求直线与曲线的第三个交点 P，此时有 $R+Q=-P$；

（4）对一个点 Q 加倍时，通过该点画一条切线并求切线与曲线的另一个交点 S，则 $Q+Q=2Q=-S$

例 8-1　$p=23$，曲线 $E:y^2=x^3+x+1$，$E(F_p)$ 中的所有点为：

$(0,1)$ $(0,22)$ $(1,7)$ $(1,16)$ $(3,10)$ $(3,13)$ $(4,0)$

$(5,4)$ $(5,19)$ $(6,4)$ $(6,19)$ $(7,11)$ $(7,12)$ $(9,7)$ $(9,16)$

$(11,3)$ $(11,20)$ $(12,4)$ $(12,19)$ $(13,7)$ $(13,16)$ $(17,3)$

$(17,20)$ $(18,3)$ $(18,20)$ $(19,5)$ $(19,18)$

这些点加上无穷远点，对如上定义的加法构成可交换群 $E(F_{23})$，其中共 28 个点。

加法运算

（1）令 $P_1=(x_1,y_1)=(3,10)$，$P_2=(x_2,y_2)=(9,7)$

计算 P_1+P_2：

$$\lambda=\frac{y_2-y_1}{x_2-x_1}=\frac{7-10}{9-3}=-\frac{1}{2}\equiv 11 \bmod 23$$

$$x_3=\lambda^2-x_1-x_2=11^2-3-9\equiv 17 \bmod 23$$

$$y_3=\lambda(x_1-x_3)-y_1=11\times(3-17)-10\equiv 20 \bmod 23$$

所以 $P_1+P_2=(x_3,y_3)=(17,20)$

（2）$P_1=(x_1,y_1)=(3,10)$

计算 $2P_1$：

$$\lambda=\frac{3x_1^2+a}{2y_1}=\frac{3\times 3^2+1}{20}\equiv 6 \bmod 23$$

$$x_2=\lambda^2-2x_1=6^2-6\equiv 7 \bmod 23$$

$$y_2=\lambda(x_1-x_2)-y_1=6\times(3-7)-10\equiv 12 \bmod 23$$

因此 $2P_1=(7,12)$

例 8-2　对 $E_{11}(1,6)$ 上的点 $G=(2,7)$，计算 $2G$ 到 $13G$ 的值为：

$2G=(5,2),3G=(8,3),4G=(10,2),5G=(3,6),6G=(7,9)$

$7G=(7,2),8G=(3,5),9G=(10,9),10G=(8,8),11G=(5,9)$

$12G=(2,4),13G=O$

8.1.2　椭圆曲线公钥密码体制

设 $P\in E(F_p)$，点 Q 为 P 的倍数，即存在正整数 x，使 $Q=xP$，则椭圆曲线离散对数问题是指由给定的 P 和 Q 确定出 x。从目前的研究成果看，椭圆曲线上的离散对数问题比有限域上的离散对数似乎更难处理,这就为构造公钥密码体制提供了新的途径。基于椭圆曲线离散对数问题,人们构造了椭圆曲线密码体制(Elliptic Curve Public Cryptography)。

定义 8 - 2 设 E 为椭圆曲线,P 为 E 上的一点,若存在正整数 n,使 $nP=O$,则称 n 是点 P 的阶,这里 O 为无穷远点。

注意:椭圆曲线上的点不一定都有有限阶。

1. 用椭圆曲线实现 Diffie-Hellman 密钥交换协议

设 E 为有限域 F_p 上的椭圆曲线,Alice 和 Bob 共同约定 $E(F_p)$ 中一个点作为通信密钥,协议包括如下步骤:

公开选取 $E(F_p)$ 中一个大阶点 R

(1) Alice 随机选取整数 a,将其保密,并计算 $aR \in E(F_p)$;

(2) Bob 随机选取整数 b,将其保密,并计算 $bR \in E(F_p)$;

(3) Alice 将 aR 传给 Bob,Bob 将 bR 传给 Alice;

(4) Alice 计算 $a(bR)=abR=Q$,Bob 计算 $b(aR)=abR=Q$。

将点 Q 作为双方约定的通信密钥。

2. 椭圆曲线公钥密码 ECC

(1) 系统的构造

选取基域 F_p,椭圆曲线 E,在 E 上选择阶为素数 n 的点 $P(x_p, y_p)$,

公开信息为:域 F_p,曲线方程 E,点 P 及其阶 n。

(2) 密钥的生成

用户 Alice 随机选取整数 d,$1 < d \leqslant n-1$,计算 $Q=dP$,将点 Q 作为公开密钥,整数 d 作为秘密密钥。

(3) 加密与解密

若要给 Alice 发送秘密信息 M,需执行以下步骤:

(1) 将明文 M 表示为域 F_p 中的一个元素 m;

(2) 在 $[1, n-1]$ 内随机选择整数 k;

(3) 计算点 $(x_1, y_1)=kP$;

(4) 计算点 $(x_2, y_2)=kQ$,若 $x_2=0$,则重新选择 k;

(5) 计算 $c=mx_2$;

(6) 将 (x_1, y_1, c) 发送给 Alice。

Alice 收到密文后,利用秘密密钥 d,计算

$$d(x_1, y_1)=dkP=k(dP)=kQ=(x_2, y_2)$$

再计算 $cx_2^{-1}=m$,得到明文 m。

这里 $Q=dP$ 是公开的,若破译者能够解决椭圆曲线上的离散对数问题,就能从 dP 中恢复 d,完成解密。

例 8-3 用户 Alice 选择 F_{23} 上的曲线 $y^2=x^3+x+1$ 并公开,选择整数 $d=3$,曲线上的点 $P=(3,10)$,计算 $Q=dP=(19,5)$,将 d 保密,P、Q 公开。

设明文经过编码之后表示为域元素 $m=11$,发信方 Bob 选择随机整数 $k=4$,计算

$$(x_1,y_1)=kP=(17,3)$$

再计算

$$(x_2,y_2)=kQ=(5,4)$$

对明文作变换

$$c=mx_2=11\times 5\equiv 9 \bmod 23$$

将 (x_1,y_1,c) 发送给 Alice。

Alice 收到后,计算

$$d(x_1,y_1)=3(17,3)=(5,4)$$

再求

$$cx_2^{-1}\equiv 11 \bmod 23$$

便得到了明文 $m=11$。

椭圆曲线的优点在于,相对于 RSA 和基于有限域上离散对数的公钥密码体制而言,要达到同样的安全级别,椭圆曲线密码需要相对较小的操作数长度。例如,在安全性相同时,RSA 选择 1024 bit 的模数,而 ECC 只需要 160 bit 就足够了。在 ECC 中,通常选择操作数长度为 $150\sim 200$ bit。

8.2　其它公钥密码算法

8.2.1　ElGamal 密码

ElGamal 是基于离散对数问题的最著名的公钥密码体制,它既可用于加密也可用于签名,1991 年 8 月,由 NIST 公布的数字签名标准 DSS,正是在 ElGamal 方案的基础上设计的。

ElGamal 算法的描述

(1) 系统的构造及密钥的生成

选择大素数 p,模 p 的原根 g,随机选择整数 x,计算 $y\equiv g^x \bmod p$,将 p、g、y 公开,x 保密。

(2) 加密解密过程

假设明文被编码为整数 m，加密者选择随机整数 k，满足 $\gcd(k, p-1)$，计算

$$c_1 \equiv g^k \bmod p$$

$$c_2 \equiv my^k \bmod p$$

密文 $c = (c_1, c_2)$。

收到密文组 (c_1, c_2) 后，进行如下解密运算

$$c_2 \cdot (c_1^x)^{-1} = my^k \cdot (g^{kx})^{-1} = mg^{kx}(g^{kx})^{-1} \equiv m \bmod p$$

例 8-4　选择 $p=37, g=2, x=11$，计算 $y = g^x \bmod p = 13$，将 p、q、y 公开，x 保密。

设明文为 $m=15$，选择随机数 $k=7$，计算

$$c_1 = g^k = 2^7 \equiv 17 \bmod 37$$

$$c_2 = my^k = 15 \times 13^7 \equiv 36 \bmod 37$$

密文为 $c = (c_1, c_2) = (17, 36)$

收到密文后，计算

$$c_1^x = 17^{11} \equiv 32 \bmod 37$$

利用欧几里德算法求出 $32^{-1} = 22 \bmod 37$，

再计算

$$c_2 \cdot (c_1^x)^{-1} = 36 \times 22 \equiv 15 \bmod 37$$

由此得到明文 15。

在 ElGamal 体制中，加密运算是随机的。因为密文既依赖于明文，又依赖于选择的随机数，所以，对于同一个明文，会有许多可能的密文。每一次加密都需要一个新的随机数。

8.2.2　Rabin 密码

1979 年，M. O. Rabin 在论文"Digital Signatures and Public-Key as Factorization"中建立了一种新的公钥密码体制，Rabin 公钥密码基于求合数的平方剩余的难度，这个问题等价于分解大整数。

系统的构造很简单：

(1) 选择一对大素数 p、q，满足 $p \equiv q \equiv 3 \bmod 4$；

(2) 计算 $n = pq$；

将 n 公开，p、q 保密。

对消息 m 加密时，只须计算：

$$c \equiv m^2 \bmod n$$

解密时，计算：

$$m_1 \equiv c^{\frac{p+1}{4}} \bmod p$$

$$m_2 \equiv (p - c^{\frac{p+1}{4}}) \bmod p$$

$$n_1 \equiv c^{\frac{q+1}{4}} \bmod q$$

$$n_2 = (q - c^{\frac{q+1}{4}}) \bmod q$$

再利用中国剩余定理解四个方程组：

$$\begin{cases} M \equiv m_1 \bmod p \\ M \equiv n_1 \bmod q \end{cases}; \begin{cases} M \equiv m_1 \bmod p \\ M \equiv n_2 \bmod q \end{cases}; \begin{cases} M \equiv m_2 \bmod p \\ M \equiv n_1 \bmod q \end{cases}; \begin{cases} M \equiv m_2 \bmod p \\ M \equiv n_2 \bmod q \end{cases}$$

求出 $c \bmod n$ 的四个平方根 M_1、M_2、M_3、M_4，这四个根中有一个等于明文 m，根据上下文意义可判断是哪一个，也可在消息中附加一个已知的标记。

8.3 其它公钥密码体制

1978 年，McEliece 研究出了一种基于代数编码理论的公钥密码系统，他利用一般线性码的译码问题是一个 NP 完全问题和 Goppa 码有快速译码算法的特点构造了一个公钥密码体制。其思想是构造一个 Goppa 码并将其伪装成普通的线性码。McEliece 方案开创了将纠错码应用于密码的先河。此后，在 1986 年，Niederreiter 提出了另一个基于纠错码的公钥密码体制。

中国密码学家陶仁骥利用有限自动机（FA）理论构造了一种公钥密码，该方案的安全性基于一般非线性自动机求逆的困难性。

1982 年，加州大学伯克利分校的 Goldwasser 和 Micali 提出了概率加密方法，简称 GM 方法，其基本思想是使公钥体制的信息泄露为 0，即从密文不能推出明文或密钥的任何信息。概率加密是现代密码学发展史上的一项重要成果。

此外，比较成功的公钥密码体制还有新西兰密码学家 P. Smith 等提出的 LUC 体制等等。

习 题

1. 什么是椭圆曲线？什么是椭圆曲线的零点？

2. 椭圆曲线上在同一直线上的三个点的和是什么？

3. 根据实数域上椭圆曲线中的运算规则，计算点 Q 的两倍时，画一条切线并找出其与曲线的另一交点 S，则 $Q + Q = 2Q = -S$。若该切线不是垂直的，则恰好只有一个交点，但若切线是垂直的，那么此时 $2Q$ 的值是多少？$3Q$ 的值是多少？

4. 什么是椭圆曲线上的离散对数问题?

5. 椭圆曲线公钥密码体制有哪些优点?

6. 考虑由 $y^2 = x^3 + x + 6$ 定义的曲线,其模数 $p = 11$,确定 $E_{11}(1,6)$ 上所有的点。

7. 设实数域上的椭圆曲线为 $y^2 = x^3 - 36x$,令 $P = (-3.5, 9.5)$,$Q = (-2.5, 8.5)$,计算 $P + Q$ 和 $2P$。

8. 设椭圆曲线密码体制的参数是 $E_{11}(1,6)$ 和 $G = (2,7)$,B 的私钥 $n_B = 7$

(1) 找出 B 的公钥 P_B;

(2) A 要加密消息 $P_m = (10,9)$,其选择的随机值 $k = 3$,试确定密文 C_m;

(3) 试给出 B 由 C_m 恢复 P_m 的计算过程。

9. 对于 ElGamal 密码算法,给定公开信息 $p = 103$,$g = 2$,$y = 58$,请使用 $r = 31$ 作为辅助随机数,对消息"87"进行加密。

10. 验证 $c = 58$ 以 $b = 2$ 为底模 $p = 103$ 的离散对数为 $l = 47$。

11. 设 $p = 73$,$q = 31$ 用 Rabin 密码对消息 $m = 15$ 加密并解密。

第9章 消息认证和散列函数

9.1 消息认证码

9.1.1 消息认证

1. 消息认证系统模型

在信息系统中,消息在传输和存储的过程中可能受到来自各方面的破坏,既有人为的篡改、攻击等,也有非人为的信号干扰、编译码错误等,这些因素将会影响正常的通信活动。信息系统的安全应该考虑排除这两方面的影响:一方面采用高强度的密码加密消息,使其不被破译;另一方面就是要防止各种因素造成的差错,尤其要防止攻击者对系统进行主动攻击,如伪造、篡改消息等。认证(authentication)是防止主动攻击的重要技术,对于开放的网络和信息系统的安全性有重要作用。通过认证可以解决以下两方面的问题:

第一,验证消息是否来自真实的信源实体,而不是冒充的,这类认证称为信源认证或实体认证;

第二,验证消息的完整性,防止其在传送或存储过程中被篡改、重放或延迟,防止其出现非人为差错,这类认证称为消息认证或完整性认证。

加密和认证是信息系统安全的两个重要方面,但又是两种不同性质的手段。认证能够保证消息的完整性,但不能提供保密性,而加密只能提供保密性,不能保证完整性。认证系统类似于密码系统,但又不同于密码系统,认证系统的模型如图9-1所示。

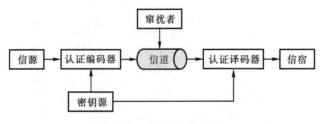

图 9-1 认证系统的模型

密码系统更强调的是保密性,要求消息内容对第三方不可见。不论是密文在传输过程中出错,还是解密方法错误或密钥错误都可能造成解密错误,当接收方正确解密出明文时,他也不能判定所接收到的密文是否真实。相对于密码系统,认证系统更强调的是完整性。消息从信源发出后,经由密钥控制或无密钥控制的认证编码器变换,加入认证码,将消息连同认证码一起在公开的信道进行传输,有密钥控制时还需将密钥通过一个安全信道传输至接收方,接收方在收到所有数据后,经由密钥控制或无密钥控制的认证译码器进行认证,判定消息是否完整,将完整的消息送至信宿。消息在整个过程中以明文形式或某种变形进行传输,但并不要求加密,也不要求内容对第三方保密。攻击者可以看到消息的内容,但他无法篡改消息。因而,在认证系统中攻击者具体指窜扰者。消息的收、发方也分别指示证方和验证方。鉴别编码器和鉴别译码器可抽象为鉴别函数。

一个安全的鉴别系统,需满足:

(1) 指定的接收者能够检验和证实消息的合法性、真实性和完整性;

(2) 消息的发送者和接收者不能抵赖;

(3) 除了合法的消息发送者,其它人不能伪造合法的消息。

首先要选好恰当的鉴别函数,该函数产生一个鉴别标识,然后在此基础上,给出合理的鉴别协议(authentication protocol),使接收者完成消息的鉴别。

2. 认证函数

认证的特点是惟一性,即待认证消息与认证信息之间具有惟一对应关系。可以用认证函数对消息进行变换得到用于认证的信息。认证函数至少应具有以下特点:认证函数必须是单向函数;对于一个特定的消息,很难找到一个不同的消息与其具有相同的认证码;很难找到两个具有相同认证码的任意消息。

一般可用来做认证的函数分为三类:加密函数、消息认证码和散列函数。

(1) 加密函数(message encryption)

用消息的密文对消息作认证,解密后与原始明文相对照,从而判定消息的完整性或通信实体身份的真实性。

信息加密体制可分为对称加密和公钥加密两大类,两类密码体制均可用来构造认证码。

a　对称密码体制用于认证

由于在对称密码系统中,密钥是保密的,所以密钥和加密方具有惟一对应关系,对称密码系统能够提供一定程度的认证。加密方可通过将自己的密钥信息注入所要发送消息的方式来进行认证。图中的通信双方为发方 A 和收方 B。用户 B 接收到消息后通过解密来判断消息是否来自 A 或消息是否是完整的。图 9-2 示意了对称密码用于认证的过程。

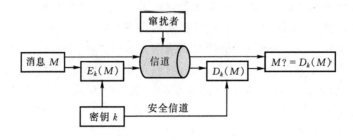

图 9-2　对称密码用于认证

b　公钥密码用于认证

公钥密码系统中,加密密钥是公开的,任何人都可以利用公开密钥加密消息,加密者和加密密钥之间不具有惟一对应的关系,一个标准的公钥密码系统是不能自动地提供认证功能的,但是解密密钥是保密的,只有合法的解密者拥有,解密密钥和解密者具有惟一对应的关系,这种关系可以用于认证。解密者作为发方,将自己的解密密钥信息注入所要发送的消息,接收者再利用解密者的公开密钥来验证,同样可以判断消息是否来自发方或者消息是否完整,这就是数字签名技术。公钥密码在认证方面最重要的应用就是数字签名技术。公钥密码认证过程如图 9-3 所示。

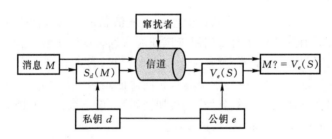

图 9-3　公钥密码用于认证(RSA)

(2) 消息认证码 MAC(message authentication code)

消息认证码是对信源消息使用一个编码函数得到的。公开的编码函数在密钥控制下产生一个固定长度的值作为鉴别标识,并加入到消息中。MAC 也可称为密码校验和(cryptographic checksum)。

(3) 散列函数(hash function)

散列函数是一个公开的函数,具有压缩和置乱的功能,可以将任意长的消息映射成一个固定长度的信息。有关散列函数的内容将在以后专门作介绍。

9.1.2　消息认证码(MAC)

1. 认证码的定义

MAC 是一个加入到消息中的鉴别标识,是通过对信源消息使用一个编码函数得到的,并在密钥控制下产生的一个固定长度的值。MAC 函数类似于加密函数,但无需对 MAC 值进行解密,不需要可逆性,因此其弱点比加密算法要少。通过 MAC,可以认证以下内容:

(1) 接收者可以确信所收到的消息 M 未被篡改;

(2) 接收者可以确信消息来自真实的发送者;

(3) 如果消息中包含顺序码(如 HDLC,X.25,TCP),接收者可以确认消息的正常顺序。

设在通信中发方为 A,收方为 B,A 发送的所有可能的信息集合为信源空间 S。为防窜扰,A 和 B 设计一种可以鉴别消息的编码规则,发方 A 根据这个规则对信源空间 S 进行编码,信源空间经编码后映射成为消息空间 M,表示所有可能的消息集合。MAC 基本用法如图 9-4 所示。

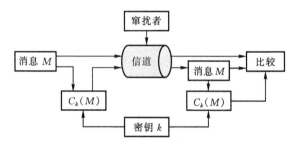

图 9-4　MAC 的基本用法

下面用简单的例子说明:

设 $S=\{0,1\}$,$M=\{00,01,10,11\}$,定义不同的编码规则 $e0,e1,e2$:

编码表为:

	00	01	10	11
$e0$	0	1		
$e1$	0		1	
$e2$	0			1

于是,构成一个简单的消息认证码 MAC。

发方 A 和收方 B 在通信前先通过安全信道商定编码规则,即事先商定密钥。若采用 $e2$,则以发送消息 00 代表信源 0,发送消息 11 代表信源 1,则消息 00 和 11

在规则 $e2$ 之下是合法码字,而消息 01 和 10 在 $e2$ 之下为禁用码字。收方若收到禁用码字,可判定所接收到的消息已被篡改或出错。

2. 认证码的原理

认证码的基本原理是在所发送的消息中引入冗余度,信道中所传送的可能序列集 M 大于信源所发出的消息集 S。对于任何选定的编码规则(相应于某一特定密钥),发方从 Y 中选出用来代表消息的可用序列,即码字。收方根据编码规则惟一地确定出发方按此规则向他传来的消息。窜扰者由于不知道密钥因而所伪造的假码字多是禁用序列。收方将以很高的概率将其检测出来,而拒绝认证。系统设计者的任务是构造好的认证码(authentication code),使接收者受骗概率极小化。

设 m 为要发送的消息,k 为双方商定的密钥,$c = C_k(m)$ 表示消息 m 的认证码字,$\{c = C_k(m) \mid m \in M\}$ 为认证码,接收者知道认证编码函数和密钥 k,故从收到的消息算出 c,与接收到的 c 进行比较,窜扰者虽然知道 m 和 $C(\ )$,但不知密钥 k。他的目的是想伪造出一个假的认证码字 c',使得 $c' = C_k(m)$,以使接收者收到 c' 后确认它与计算所得的 c 相同,从而欺诈成功。

MAC 函数的设计应具有以下性质:

(1) 如果一个攻击者得到 m 和 $C_k(m)$,则攻击者构造一个消息 m' 使得 $C_k(m') = C_k(m)$ 应在计算上不可行;

(2) $C_k(m)$ 应均匀分布,即:随机选择消息 m 和 m',$C_k(m) = C_k(m')$ 的概率是 2^{-n},其中 n 是 MAC 的位数;

(3) 令 m' 为 m 的某些变换,即:$m' = f(m)$,(例如:f 可以涉及 m 中一个或多个给定位的反转),在这种情况下,$Pr[C_k(m) = C_k(m')] = 2^{-n}$。

9.1.3 MAC 算法

1. 十进制移位加 MAC 算法

Sievi 于 1980 年提出一种消息认证方法,这种认证法称为十进制移位加算法(Decimal Shift and Add Algorithm)简记为 DSA,适用于金融支付中的数值消息交换业务,消息按十位十进制数分段处理,不足十位时在右边以 0 补齐。

2. 基于 DES 的认证算法

基于 DES 的认证算法有两种,一种按 CFB 模式(如图 9-5 所示),一种按 CBC 模式(如图 9-6 所示)。按 CBC 模式的是使用最广泛的一种,被美国作为数据认证算法(data authentication algorithm),已被 FIPS(FIPS PUB 113)和 ANSI(X9.17)作为标准。

运行在 CBC 模式下,消息按 64 bit 分组 $M_1, M_2, \cdots, M_N$,不足时以 0 补齐,送

入 DES 系统加密,密钥 K,初始值设为 0,计算如下:

$$O_1 = E_K(M_1)$$
$$O_2 = E_K(M_2 \text{ XOR } O_1)$$
$$O_3 = E_K(M_3 \text{ XOR } O_2)$$
$$\cdots$$
$$O_N = E_K(M_N \text{ XOR } O_{N-1})$$

最后不输出密文,只取加密结果最左边的 r 位作为认证码。r 的大小可由通信双方约定。美国联邦电信建议采用 24 bit,而美国金融系统采用 32 bit。

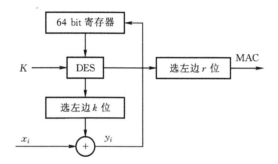

图 9 - 5　DES 在 CFB 模式下的 MAC

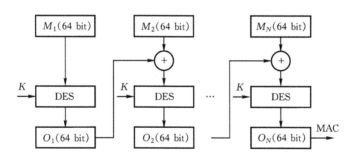

图 9 - 6　DES 在 CBC 模式下的 MAC

9.2　散列函数的基本概念

9.2.1　散列函数概述

1. 散列函数的定义

散列函数(hash function),也称哈希函数,是密码学中的一个重要概念。散列函数能够对任意长度的明文进行变换,得到相对应的函数值,称为散列值,或称消息摘要(message digest)、指纹(fingerprint),变换的过程称为散列变换。散列值的长度一般是固定的。通过一个安全的散列函数变换,不同的明文得到相同散列值的概率极小,可以近似地认为,明文和散列值是一一对应的。因此,散列函数是实现消息鉴别的一个重要工具,在数字签名中也可以用散列函数对签名消息进行预处理,再对消息的散列值进行签名,在保证安全强度的情况下,可以减小运算量,提高数字签名的效率。

一般对散列函数有如下要求:

(1) 对任意长度的明文输入能够得到固定长度的散列值;

(2) 对于一个散列函数 h,求逆是不可行的,即对任意明文进行散列变换计算简单且便于实现,但对任意的散列值,要找到与之相对应的明文是十分困难的;

(3) 对于给定的消息 x,在计算上几乎不可能找到与之不同的 x',使得 $h(x) = h(x')$;

(4) 在计算上几乎不可能找到一对不同的 x 和 x',使得 $h(x) = h(x')$,即要找到任意一对具有相同散列值的不同明文是不可行的。

能够满足条件(1)、(2)的称之为单向散列函数(one-way hash function),能够满足条件(1)~(3)的称之为弱散列函数(weak hash function),或弱无碰撞的散列函数,能够满足条件(1)~(4)的称之为强散列函数(strong hash function)或强无碰撞的散列函数。两个不同的明文得到相同散列值的情况称为碰撞或冲突,碰撞是散列函数设计与应用中不希望出现的,强散列函数能够很好地避免碰撞,显然强散列函数也是弱散列函数。根据安全强度,散列函数可分为弱无碰撞散列函数和强无碰撞散列函数。根据是否使用密钥,散列函数可分为带秘密密钥的散列函数和不带秘密密钥的散列函数。带秘密密钥的散列函数是指消息的散列值由只有通信双方知道的秘密密钥 K 来控制,散列值称作 MAC;不带秘密密钥的散列函数是指消息的散列值的产生无需使用密钥,散列值称作 MDC。

散列函数和 MAC 非常相似,但有以下区别:MAC 需要对全部数据进行加密;MAC 速度慢;散列是一种直接产生鉴别码的方法。

散列函数用于数字签名时,当用散列函数对消息进行变换后,用消息摘要作数字签名时会不会出现伪造呢? 假设一个有效的数字签名为二元组 (x, y),$y = \mathrm{sig}_k(h(x))$:

伪造方式一:窜扰者计算 $Z = h(x)$,并找到一个 $x' \neq x$,满足 $h(x') = h(x)$,则 (x', y) 也将成为有效签名。

伪造方式二:窜扰者找到任意两个消息 $x \neq x'$,满足 $h(x) = h(x')$,将 x 送给签名者要求对 x 的摘要 $h(x)$ 签名,得到 y,则 (x', y) 是一个有效的伪造。

伪造方式三：在数字签名中伪造出一个对随机消息摘要 Z 的签名，若 h 的逆函数 h^{-1} 是易求的，可算出 $h^{-1}(Z)=x$，则 (x,y) 为合法签名。

强散列函数可以防止以上伪造。在密码学中讨论较多的，且能够用于消息鉴别码和数字签名的散列函数是强散列函数。关于散列函数在数字签名中的应用在以后内容中将作详细介绍。

实现散列函数的方法很多，利用分组密码分组长度固定且具有良好单向性的特点，可以实现一些简单而快速的散列函数，也可以利用分组密码设计中的扩散和循环等方法来设计专用的散列算法。当前最著名的散列算法有 MD5、SHA、SHA-1 等，这些算法是被广泛地用作消息鉴别、数字签名和口令安全存储的有效方法。

2. 对散列函数的攻击

强散列函数的安全性主要体现在其良好的单向性和对碰撞的有效避免。由于散列变换是一种明文收缩型的变换，当明文和散列值长度相差较大时，仅由散列值不能够给恢复明文提供足够的信息，仅通过散列值来恢复明文的难度，大于对相同分组长度的分组密码进行唯密文攻击的难度。但如果一则合法的明文和一则非法的明文能够碰撞，攻击就可以先用合法明文生成散列值，再以非法明文作为该散列值的原始明文进行欺骗，而其他人将无法识别。因此攻击者的主要目标不是恢复原始的明文，而是用非法消息替代合法消息进行伪造和欺骗，对散列函数的攻击也就是寻找碰撞的过程。

我们知道，64 bit 的分组密码是安全的，相应地可能会认为 64 bit 长度的散列函数也是安全的。因为攻击者若想对明文 M 进行伪造，他必须要找到一个不同的明文 M'，使得 $h(M)=h(M')$。如果攻击者要尝试 k 个不同的明文，那么 k 至少要多大，伪造成功的概率才能超过 $1/2$？

从表面上看，对 64 bit 的散列函数，能够满足 $h(M)=h(M')$ 的概率是 $1/2^{64}$，与此相应，满足 $h(M)\neq h(M')$ 的概率是 $1-1/2^{64}$。所尝试的 k 个任意明文没有一个能够满足 $h(M)=h(M')$ 的概率是 $(1-1/2^{64})^k$。则至少有一个 M' 满足 $h(M)=h(M')$ 的概率是 $1-(1-1/2^{64})^k$。

由二项式定理 $(1-a)^k=1-ka+\dfrac{k(k-1)}{2!}a^2-\dfrac{k(k-1)(k-2)}{3!}a^3+\cdots$

可知，当 $a\to 0$ 时，$(1-a)^k\to(1-ka)$，至少有一个 M' 满足 $h(M)=h(M')$ 的概率可认为是 $k/2^{64}$。当 $k>2^{63}$ 时，这个概率会超过 $1/2$。

因此攻击者至少要尝试 2^{63} 对明文，伪造成功的概率才能超过 $1/2$。2^{63} 的空间对密码分析来说是足够大了，现有的计算能力还难以在这个空间内进行穷举。

通过以上讨论，可以看出 64 bit 的散列函数似乎是安全的。但事实上，攻击者通过其它方法,无需如此巨大的计算量就能完成伪造。目前对散列函数的最好的攻击方法有生日攻击和中途相遇攻击,这两种方法对 64 bit 的散列函数是有效的,但对 128 bit 以上的散列函数还是不可行的,所以目前认为 128 bit 以上的散列函数是安全的。

(1) 生日攻击(birthday attack)

生日攻击来源于数学中的"生日悖论(Birthday Paradox)"。首先介绍一下"生日悖论"问题。

问题提出:一个房间内坐了 k 个人,当 k 多大时,有两个人具有相同生日的概率大于 1/2?

大部分人可能会猜测,这个数字至少在 100 以上,但通过计算可以证明只要有 23 个人,找出两个人的生日是同一天的概率就已经超过了 1/2。

假定一年中有 365 天,k 个人的生日是 365 天中的某一天,k 个人的生日排列的总数目是 365^k,而 k 个人有不同生日的排列总数为 $N = P_{365}^k$,于是 k 个人有不同生日的概率为 $Q(k) = P_{365}^k / 365^k$,则 k 个人中至少能找到两个人的生日为同一天的概率为 $P(k) = 1 - Q(k) = 1 - P_{365}^k / 365^k$。可以计算得到当 $k = 23$ 时,$P(k) = 0.5073$,而当 $k = 100$ 时,$P(k) = 0.9999997$。因此,当人数超过 100 时,两个人具有相同的生日可以看作是必然事件。

其实,如果从 k 个人中抽出一个人,其他人与这个特定的人具有相同生日的人的概率是很小的,只有 1/365。而如果不指定特定的日期,仅仅是找两个生日相同的人,问题就变得容易多了,在相同的范围内成功的概率也就大多了。

对于 64 bit 长度的散列值进行攻击,类似于以上问题。要找到与一则特定的明文具有相同散列值的另一则明文的概率很小,但不指定散列值,只是在两组明文中找到具有相同散列值的两个明文,问题就容易得多。

Yuval 生日攻击原理如下:

攻击者首先产生一份合法的明文,再通过改变写法或格式(如加入空格或使用不同的表达方式),但保持含义不变,产生 2^{32} 个不同的明文变形,产生一个合法明文组。攻击者再产生一份要伪造签名的非法明文,使用以上的方法得到 2^{32} 个不同的非法明文变形,产生一个非法明文组;分别对以上两组明文产生散列值,在两组明文中找出具有相同散列值的一对明文。如果没有找到,则再增加每组明文变形的数目,直至找到。由以上"生日悖论"问题可知,其成功的概率很大。

于是,攻击者可以找到一则与合法明文(至少内容合法)具有相同散列值的非法明文。

（2）中途相遇攻击（meet-in-the-middle attack）

攻击方法如下：

对已知的明文 M 产生散列值 G；

再将非法明文 Q 按 $Q=Q_1Q_2\cdots Q_{n-2}$ 进行分组，每个分组长度为 64 bit；

计算 $h_i=E_{Qi}[h_{i-1}]$，$1\leqslant i\leqslant n-2$；

任意产生 2^{32} 个不同的 x，对每个 x 计算 $E_x[h_{n-2}]$，再任意产生 2^{32} 个不同的 y，对每个 y 计算 $D_y[G]$，D 是对应于 E 的解密函数；

找到一对对应的 x 和 y，使得 $E_x[h_{n-2}]=D_y[G]$；

重新生成一个新的明文 $Q'=Q_1Q_2\cdots Q_{n-2}xy$。

容易验证，这个新的非法明文 Q' 将和原合法明文 M 具有相同的散列值。根据以上对"生日悖论"的讨论，找到一对使得 $E_x[h_{n-2}]=D_y[G]$ 的 x 和 y 的概率很大。因此，攻击者可以通过一对已知的明文和散列值来伪造具有相同散列值的非法明文。

3. Rabin 散列函数和散列函数通用结构

1978 年著名密码学家 Rabin 利用数据加密标准 DES 算法的密码分组链接方式（Cipher Block Chaining，即 CBC），设计了一种简单的散列函数，该函数具有很快的速度。其实现方法如下：

将明文 M 进行分组，每组长度为 64 bit。按照 DES 的 CBC 模式依次对每个明文分组进行加密，令 h_0 为初始值，$h_i=E_{mi}[h_{i-1}]$，加密过程不使用任何密钥，$G=h_n$ 为最终得到的散列值。

Rabin 散列函数是不安全的，以上介绍的生日攻击法和中途相遇攻击法不需要寻找密钥，就能够以很大的概率成功伪造散列值。

Merkle 在 1989 年提出了散列函数的通用结构，Rivest 于 1990 年设计的 MD4 就是基于这种结构的。目前的散列函数基本都使用了类似于 MD4 的结构。这种结构的具体步骤如下：

（1）将原始消息 M 分成固定长度的分组（block）M_i；

（2）对最后一个分组 M_N 填充，使其长度等于固定长度，并附上原始消息 M 的长度；

（3）对几个链接变量（chaining value）设定初始值 CV_0；

（4）定义压缩函数 f，$CV_i=f(CV_{i-1},M_{i-1})$；

（5）循环操作 N 次，最后一个 CV_N 为散列值。

9.3　MD5 算法

9.3.1　MD5 简介

MD5 算法(Message-Digest Algorithm 5 消息–摘要算法)是在 20 世纪 90 年代初由 MIT Laboratory for Computer Science 和 RSA Data Security Inc 的 Rivest 设计的,其设计方法源自于 MD2、MD3 和 MD4。MD2、MD4 和 MD5 都可以对随机长度的明文产生一个 128 bit 的摘要。MD2 是为 8 位机器设计的,而 MD4 和 MD5 是针对 32 位机器的。Rivest 在 1992 年 8 月向 IETF 提交的 RFC1321(Request for Comments：1321)中对 MD5 作了详细描述。MD5 在 MD4 的基础上增加了 Safety-Belts 的概念,被称作"系有安全带的 MD4"。虽然 MD5 比 MD4 稍微慢一些,但更为安全。

MD5 出现后这十几年中还没有新的算法代替它。目前,它仍然是一种最流行、用途最广泛的散列函数。

MD5 算法描述如下：

MD5 算法对任意长度的明文能够产生 128 bit 的散列值。MD5 算法的基本处理步骤为：对消息进行长度填充后,以 512 bit 分组来处理输入的信息,每一分组又被划分为 16 个 32 bit 的子分组(sub-block),经过了一系列的运算以后,得到由四个 32 bit 分组组成的输出值,将这四个 32 bit 的分组级联后生成 128 bit 的散列值。

MD5 算法首先需要对明文进行填充,使其字节长度对 512 求余的结果等于 448,信息的字节长度(bits length)将被扩展到 $n*512+448$ bit,或 $n*64+56$ 字节(Bytes),n 为一个正整数,即 Bits Length $\equiv$ 448 mod 512。对明文的填充方法为：第一个填充位为"1",其余均为"0",然后再将原明文的真实长度以 64 bit 表示附加在填充结果的后面。现在的消息的长度为 $n*512+448+64=(n+1)*512$ bit,恰好是 512 bit 的整数倍。

MD5 的算法步骤和分组密码的算法步骤相似,有 4 轮(round)非常相似的运算,每一轮包括 16 个步骤(step)。每个步骤的操作都针对四个 32 bit 被称作链接变量(chaining variable)的整数参数进行。循环的次数为填充后明文的分组数目。经过 4 轮共 64 个步骤之后,最后所得的四个链接变量中的 128 bit 即是当前明文分组的中间散列值。MD5 的运算流程如图 9－7 所示：

计算消息摘要时要用到一个四个字长的缓冲区(A,B,C,D)。A、B、C、D 均为 32 bit 的寄存器。第一个分组进行第一轮运算时,用以下 16 进制数来初始化这四

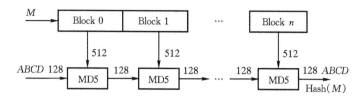

图 9-7　MD5 的运算流程

个寄存器:

$$A=0\mathrm{x}\ 01\quad 23\quad 45\quad 67\qquad B=0\mathrm{x}\ 89\quad \mathrm{ab}\quad \mathrm{cd}\quad \mathrm{ef}$$

$$C=0\mathrm{x}\ \mathrm{fe}\quad \mathrm{dc}\quad \mathrm{ba}\quad 98\qquad D=0\mathrm{x}\ 76\quad 54\quad 32\quad 10$$

定义四个非线性逻辑函数,在 MD5 的每一轮中用到一个。这四个函数分别以 3 个 32 bit 的变量为输入值,输出一个 32 bit 的值。MD5 操作流程如图 9-8 所示。

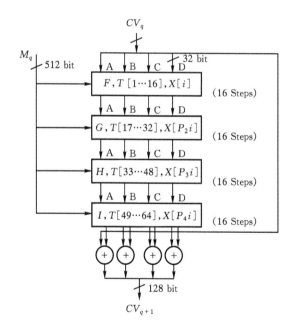

图 9-8　MD5 操作流程

第 1 轮:　$F(X,Y,Z)=(X\ \text{and}\ Y)\ \text{or}\ (\text{not}(X)\ \text{and}\ Z)$

第 2 轮:　$G(X,Y,Z)=(X\ \text{and}\ Z)\ \text{or}\ (Y\ \text{and}\ \text{not}(Z))$

第 3 轮:　$H(X,Y,Z)=X\ \text{xor}\ Y\ \text{xor}\ Z$

第 4 轮:　$I(X,Y,Z)=Y\ \text{xor}\ (X\ \text{or}\ \text{not}(Z))$

第一轮的第一步开始时，将上面四个链接变量复制到另外四个记录单元中：A 到 AA，B 到 BB，C 到 CC，D 到 DD。

设 $M[k]$ 表示消息的第 k 个子分组（从 0 到 15），$<<<s$ 表示循环左移 s 位。每次操作对 A、B、C 和 D 中的三个作一次非线性函数运算，然后将所得结果加上第四个变量。再将所得结果向右循环移位，并加上 A、B、C、D 中的一个，用该结果取代 A、B、C、D 中的一个。4 轮（64 步）操作如下：

第 1 轮

FF $(a,b,c,d,M[k],s,T[i])$ 表示 $a=b+((a+(F(b,c,d)+M[k]+T[i])<<<s)$

$(A,B,C,D,M[0],7,1)$	$(D,A,B,C,M[1],12,2)$	$(C,D,A,B,M[2],17,3)$	$(B,C,D,A,M[3],22,4)$
$(A,B,C,D,M[4],7,5)$	$(D,A,B,C,M[5],12,6)$	$(C,D,A,B,M[6],17,7)$	$(B,C,D,A,M[7],22,8)$
$(A,B,C,D,M[8],7,9)$	$(D,A,B,C,M[9],12,10)$	$(C,D,A,B,M[10],17,11)$	$(B,C,D,A,M[11],22,12)$
$(A,B,C,D,M[12],7,13)$	$(D,A,B,C,M[13],12,14)$	$(C,D,A,B,M[14],17,15)$	$(B,C,D,A,M[15],22,16)$

第 2 轮

GG$(a,b,c,d,M[k],s,T[i])$ 表示 $a=b+((a+(G(b,c,d)+M[k]+T[i])<<<s)$

$(A,B,C,D,M[1],5,17)$	$(D,A,B,C,M[6],9,18)$	$(C,D,A,B,M[11],14,19)$	$(B,C,D,A,M[0],20,20)$
$(A,B,C,D,M[5],5,21)$	$(D,A,B,C,M[10],9,22)$	$(C,D,A,B,M[15],14,23)$	$(B,C,D,A,M[4],20,24)$
$(A,B,C,D,M[9],5,25)$	$(D,A,B,C,M[14],9,26)$	$(C,D,A,B,M[3],14,27)$	$(B,C,D,A,M[8],20,28)$
$(A,B,C,D,M[13],5,29)$	$(D,A,B,C,M[2],9,30)$	$(C,D,A,B,M[7],14,31)$	$(B,C,D,A,M[12],20,32)$

第 3 轮

HH$(a,b,c,d,M[k],s,T[i])$ 表示 $a=b+((a+(H(b,c,d)+M[k]+T[i])<<<s)$

$(A,B,C,D,M[5],4,33)$	$(D,A,B,C,M[8],11,34)$	$(C,D,A,B,M[11],16,35)$	$(B,C,D,A,M[14],23,36)$
$(A,B,C,D,M[1],4,37)$	$(D,A,B,C,M[4],11,38)$	$(C,D,A,B,M[7],16,39)$	$(B,C,D,A,M[10],23,40)$
$(A,B,C,D,M[13],4,41)$	$(D,A,B,C,M[0],11,42)$	$(C,D,A,B,M[3],16,43)$	$(B,C,D,A,M[6],23,44)$
$(A,B,C,D,M[9],4,45)$	$(D,A,B,C,M[12],11,46)$	$(C,D,A,B,M[15],16,47)$	$(B,C,D,A,M[2],23,48)$

第 4 轮

$II(a,b,c,d,M[k],s,T[i])$　表示 $a = b + ((a + (I(b,c,d) + M[k] + T[i]) <<< s)$

$(A,B,C,D,M[0],6,49)$	$(D,A,B,C,M[7],10,50)$	$(C,D,A,B,M[14],15,51)$	$(B,C,D,A,M[5],21,52)$
$(A,B,C,D,M[12],6,53)$	$(D,A,B,C,M[3],10,54)$	$(C,D,A,B,M[10],15,55)$	$(B,C,D,A,M[1],21,56)$
$(A,B,C,D,M[8],6,57)$	$(D,A,B,C,M[15],10,58)$	$(C,D,A,B,M[6],15,59)$	$(B,C,D,A,M[13],21,60)$
$(A,B,C,D,M[4],6,61)$	$(D,A,B,C,M[11],10,62)$	$(C,D,A,B,M[2],15,63)$	$(B,C,D,A,M[9],21,64)$

常数 $T[i]$

$T[1] = D76AA478$	$T[17] = F61E2562$	$T[33] = GGFA3942$	$T[49] = F4292244$
$T[2] = E8C7B756$	$T[18] = C040B340$	$T[34] = 8771F681$	$T[50] = 432AGG97$
$T[3] = 242070DB$	$T[19] = 265E5A51$	$T[35] = 69D96122$	$T[51] = AB9423A7$
$T[4] = C1BDCEEE$	$T[20] = E9B6C7AA$	$T[36] = FDE5380C$	$T[52] = FC93A039$
$T[5] = F57C0FAF$	$T[21] = D62F105D$	$T[37] = A4BEEA44$	$T[53] = 655B59C3$
$T[6] = 4787C62A$	$T[22] = 02441453$	$T[38] = 4BDECFA9$	$T[54] = 8F0CCC92$
$T[7] = A8304613$	$T[23] = D8A1E681$	$T[39] = F6BB4B60$	$T[55] = GGEGG47D$
$T[8] = FD469501$	$T[24] = B7D3FBC8$	$T[40] = BEBFBC70$	$T[56] = 85845DD1$
$T[9] = 698098D8$	$T[25] = 21E1CDE6$	$T[41] = 289B7EC6$	$T[57] = 6FA87E4F$
$T[10] = 8B44F7AF$	$T[26] = C33707D6$	$T[42] = EAA127FA$	$T[58] = FE2CE6E0$
$T[11] = GGGG5BB1$	$T[27] = F4D50D87$	$T[43] = D4EF3085$	$T[59] = A3014314$
$T[12] = 895CD7BE$	$T[28] = 455A14ED$	$T[44] = 04881D05$	$T[60] = 4E0811A1$
$T[13] = 6B901122$	$T[29] = A9E3E905$	$T[45] = D9B4D039$	$T[61] = F7537E82$
$T[14] = FD987193$	$T[30] = FCEFA3F8$	$T[46] = E6BD99E5$	$T[62] = BD3AF235$
$T[15] = A679438E$	$T[31] = 676F02D9$	$T[47] = 1FA27CF8$	$T[63] = 2AD7D2BB$
$T[16] = 49B40821$	$T[32] = 8D2A4C8A$	$T[48] = C4AC5665$	$T[64] = EB86D391$

在第 i 步中，$T[i]$ 是 $4294967296 * abs(\sin(i))$ 的整数部分，i 的单位是弧度。(4294967296 等于 2^{32})。

第 4 轮的最后一步完成后，再作运算：

$$A = A + AA$$

$$B=B+BB$$
$$C=C+CC$$
$$D=D+DD$$

以上"+"均指模 2^{32} 的加运算。

A、B、C、D 的值作为下一个消息分组运算时的初始值。最后一个消息分组得到的输出 A、B、C 和 D 级联成为 128 bit 的消息散列值。

以下是几个由 MD5 所求得的散列值的例子：

MD5 ("a") = 0cc175b9c0f1b6a831c399e269772661

MD5 ("message digest") = f96b697d7cb7938d525a2f31aaf161d0

MD5 ("abcdefghijklmnopqrstuvwxyz") = c3fcd3d76192e4007dfb496cca67e13b

MD5("12345678901234567890123456789012345678901234567890123456789012345678901234567890")=57edf4a22be3c955ac49da2e2107b67a

MD5("网络与信息系统安全")=2796c6868e20ef9ccc1b4a2d6901f68f

9.3.2 MD5 的安全性

与 MD4 相比较，MD5 作了如下的改进：

1. MD4 只有三轮，MD5 增加到了四轮；

2. 每一步操作均使用一个惟一的加法常数 $T[i]$；

3. MD5 比 MD4 增加了一种逻辑运算；

4. 每一步操作取代了上一步中的结果，可以加快雪崩效应（avalanche effect）；

5. 改变了第 2 轮和第 3 轮中访问输入值的次序，加大了不相似程度；

6. 优化了每轮中的循环移位的位数，以实现更快的雪崩效应。

9.3.3 算法的应用

MD5 是一个典型的散列算法，主要用于对消息产生消息摘要，从而对它进行认证。由于 MD5 是免费的，因此使用非常广泛。目前 MD5 的用途主要在三个方面：为数字签名的消息产生摘要，提高运算效率；产生消息认证码 MAC，验证文件的完整性；存储登录口令，防止破解。

在数字签名系统中，对签名和验证的速度要求较高，而签名和验证的算法一般都比较复杂，当对较长的消息进行签名时所花费的时间往往不能满足用户的需求。如果只是对消息的散列值进行签名，效率就可大大提高，强散列函数又能保证对消息原文和其摘要签名的安全性相当。因此，当前的数字签名系统一般都要用散列函数对待签名消息进行预处理。

强散列函数是构造 MAC 码的主要方法之一。文件在存储和传输过程中,可以用 MD5 生成的消息摘要作为其认证码。如在 UNIX 系统下,很多软件在下载的时候都附有一个与文件名相同,但文件扩展名为.md5 的文件,该文件中所存储的就是用 MD5 对原文件产生的消息摘要。用户只要用 UNIX 系统提供的 MD5 函数重新计算文件的散列值,再与.md5 文件中的内容相比较,就可以确定所得到文件是否完整。其实,UNIX 的 MD5 函数已经提供了自动验证文件完整性的功能。

许多操作系统和应用软件的用户登录口令,是用 MD5 计算散列值后,在口令文件中只存储散列值。由于 MD5 良好的单向性,使得攻击者无法通过口令文件恢复出原口令,即使是系统管理员也无法得知口令的内容。如 Linux 系统中用户的口令就是用 MD5 散列后存储在文件系统中的。用户登录时,系统把用户输入的口令计算成 MD5 散列值,再与保存在文件系统中的散列值进行比较来确定口令是否正确。因此,攻击者在进行口令破解时,一般用"字典法"来穷举,口令字典中数据来自现成的单词或日常常用口令。如果口令设置较好时,这种方法几乎是不可行的。

9.4　安全散列算法 SHA-1

9.4.1　SHA 简介

1993 年美国国家标准局(NIST)公布了安全散列算法 SHA,SHA 已经被美国政府核准作为标准,即 FIPS 180 Secure Hash Standard (SHS),FIPS 规定必须用 SHA 实施数字签名算法,该算法主要是和数字签名算法(DSA)配合的。人们很快在 SHA 算法中发现了弱点,1994 年 NIST 公布了 SHA 的改进版 SHA-1,即 FIPS 180-1 Secure Hash Standard (SHS),取代了 SHA。SHA-1 的设计思想基于 MD4,因此在很多方面与 MD5 算法有相似之处。SHA-1 对任意长度的明文可以生成 160 bit 的消息摘要。

9.4.2　SHA-1 描述

SHA-1 对明文的处理和 MD5 相同,第一个填充位为"1",其余填充位均为"0",然后将原始明文的真实长度表示为 64 bit 并附加在填充结果后面。填充后明文的长度为 512 的整数倍。填充完毕后,明文被按照 512 bit 分组(Block)。

SHA-1 操作的循环次数为明文的分组数,对每一个明文分组的操作有 4 轮,每轮 20 个步骤,共 80 个步骤。每一步操作对 5 个 32 bit 的寄存器(记录单元)进

行。这 5 个工作变量(记录单元、链接变量)的初始值为:

$$H_0 = 0x67452301 \qquad H_1 = 0xEFCDAB89 \qquad H_2 = 0x98BADCFE$$

$$H_3 = 0x10325476 \qquad H_4 = 0xC3D2E1F0$$

SHA-1 中使用了一组逻辑函数 f_t(t 表示操作的步骤数, $0 \leqslant t \leqslant 79$)。每个逻辑函数均对三个 32 bit 的变量 B、C、D 进行操作,产生一个 32 bit 的输出。逻辑函数 $f_t(B, C, D)$ 定义如下:

$$f_t(B, C, D) = (B \text{ and } C) \text{ or}(\text{not}(B) \text{ and } D) \quad (0 \leqslant t \leqslant 19)$$

$$f_t(B, C, D) = B \text{ xor } C \text{ xor } D \quad (20 \leqslant t \leqslant 39)$$

$$f_t(B, C, D) = (B \text{ and } C) \text{ or } (B \text{ and } D) \text{ or } (C \text{ and } D) \quad (40 \leqslant t \leqslant 59)$$

$$f_t(B, C, D) = B \text{ xor } C \text{ xor } D \quad (60 \leqslant t \leqslant 79)$$

SHA-1 中同时用到了一组常数 K_t(t 表示操作的步骤数, $0 \leqslant t \leqslant 79$),每个步骤使用一个。这一组常数的定义为:

$$K_t = 0x5A827999 \quad (0 \leqslant t \leqslant 19) \qquad K_t = 0x6ED9EBA1 \quad (20 \leqslant t \leqslant 39)$$

$$K_t = 0x8F1BBCDC \quad (40 \leqslant t \leqslant 59) \quad K_t = 0xCA62C1D6 \quad (60 \leqslant t \leqslant 79)$$

将明文按照规则填充,然后按照 512 bit 分组为 $M(1), M(2), \cdots, M(n)$,对每个 512 bit 的明文分组 $M(i)$ 操作的步骤如下:

(1) 将 512 bit 的一个明文分组又分成 16 个 32 bit 的子分组, $M_0, M_1, \cdots,$ M_{15}, M_0 为最左边的一个子分组;

(2) 再按照以下法则将 16 个子分组变换成 80 个 32 bit 的分组 $W_0, W_1, \cdots,$ W_{79}:

$$W_t = M_t, \quad 0 \leqslant t \leqslant 15$$

$$W_t = W_{t-3} \text{ xor } W_{t-8} \text{ xor } W_{t-14} \text{ xor } W_{t-16}, \quad 16 \leqslant t \leqslant 79;$$

(3) 将五个工作变量中的数据复制到另外五个记录单元中:

令 $A = H_0, B = H_1, C = H_2, D = H_3, E = H_4$;

(4) 进行 4 轮共 80 个步骤的操作,t 表示操作的步骤数,$0 \leqslant t \leqslant 79$:

$$TEMP = A <<< 5 + f_t(B, C, D) + E + W_t + K_t$$

$$E = D \qquad D = C \qquad C = B <<< 30 \qquad B = A \qquad A = TEMP;$$

(5) 第 4 轮的最后一步完成后,再作运算:

$$H_0 = H_0 + A \qquad H_1 = H_1 + B \qquad H_2 = H_2 + C$$

$$H_3 = H_3 + D \qquad H_4 = H_4 + E$$

以上"+"均指模 2^{32} 的加运算。

所得到的五个记录单元中的 H_0, H_1, H_2, H_3, H_4 成为下一个分组处理时的初始值。最后一个明文分组处理完毕时,五个变量的数值级联成为最终的散列值。SHA-1 操作流程如图 9-9 所示。

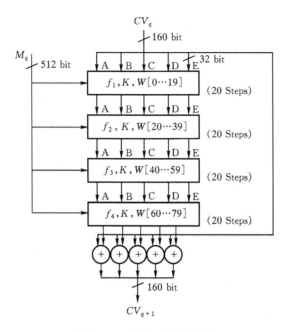

图 9-9　SHA-1 操作流程

9.4.3　SHA-1 举例

对多分组明文计算产生消息摘要。

$M=$"abcdbcdecdefdefgefghfghighijhijkijkljklmklmnlmnomnopnopq"。

对明文预处理：

将这则明文的消息 ASCII 值用二进制表示，得消息长度 $l=448$ bit。首先对明文进行填充，在原明文后补 1 bit 的"1"，再补 511 bit 的"0"，然后接上用两个字长（64 bit）表示原始消息的长度：00000000 000001c0。将填充后的明文分为 512 bit 的明文分组，得 $N=2$。

初始化工作变量 $H^{(0)}$：

$H_0(0)=0$x67452301　　　$H_1(0)=0$xefcdab89　　　$H_2(0)=0$x98badcfe

$H_3(0)=0$x10325476　　　$H_4(0)=0$xc3d2e1f0

第一圈：

将第一个明文分组 $M(1)$再分为 16 个子分组 $W_0,\cdots,W_{15}$，建立消息表：

$W_0=61626364$　　$W_1=62636465$　　$W_2=63646566$　　$W_3=64656667$

$W_4=65666768$　　$W_5=66676869$　　$W_6=6768696a$　　$W_7=68696a6b$

$W_8=696a6b6c$　　$W_9=6a6b6c6d$　　$W_{10}=6b6c6d6e$　　$W_{11}=6c6d6e6f$

$W_{12}=6d6e6f70$　　$W_{13}=6e6f7071$　　$W_{14}=80000000$　　$W_{15}=00000000$

第 $t(t=0 \text{ to } 79)$ 个步骤完成后,工作变量的数值为:

t	a	b	c	d	e
0	0116fc17	67452301	7bf36ae2	98badcfe	10325476
1	ebf3b452	0116fc17	59d148c0	7bf36ae2	98badcfe
2	5109913a	ebf3b452	c045bf05	59d148c0	7bf36ae2
3	2c4f6eac	5109913a	bafced14	c045bf05	59d148c0
4	33f4ae5b	2c4f6eac	9442644e	bafced14	c045bf05
5	96b85189	33f4ae5b	0b13dbab	9442644e	bafced14
6	db04cb58	96b85189	ccfd2b96	0b13dbab	9442644e
7	45833f0f	db04cb58	65ae1462	ccfd2b96	0b13dbab
8	c565c35e	45833f0f	36c132d6	65ae1462	ccfd2b96
9	6350afda	c565c35e	d160cfc3	36c132d6	65ae1462
10	8993ea77	6350afda	b15970d7	d160cfc3	36c132d6
11	e19ecaa2	8993ea77	98d42bf6	b15970d7	d160cfc3
12	8603481e	e19ecaa2	e264fa9d	98d42bf6	b15970d7
13	32f94a85	8603481e	b867b2a8	e264fa9d	98d42bf6
14	b2e7a8be	32f94a85	a180d207	b867b2a8	e264fa9d
15	42637e39	b2e7a8be	4cbe52a1	a180d207	b867b2a8
16	6b068048	42637e39	acb9ea2f	4cbe52a1	a180d207
17	426b9c35	6b068048	5098df8e	acb9ea2f	4cbe52a1
18	944b1bd1	426b9c35	1ac1a012	5098df8e	acb9ea2f
19	6c445652	944b1bd1	509ae70d	1ac1a012	5098df8e
20	95836da5	6c445652	6512c6f4	509ae70d	1ac1a012
21	09511177	95836da5	9b111594	6512c6f4	509ae70d
22	e2b92dc4	09511177	6560db69	9b111594	6512c6f4
23	fd224575	e2b92dc4	c254445d	6560db69	9b111594
24	eeb82d9a	fd224575	38ae4b71	c254445d	6560db69
25	5a142c1a	eeb82d9a	7f48915d	38ae4b71	c254445d
26	2972f7c7	5a142c1a	bbae0b66	7f48915d	38ae4b71
27	d526a644	2972f7c7	96850b06	bbae0b66	7f48915d
28	e1122421	d526a644	ca5cbdf1	96850b06	bbae0b66

29	05b457b2	e1122421	3549a991	ca5cbdf1	96850b06
30	a9c84bec	05b457b2	78448908	3549a991	ca5cbdf1
31	52e31f60	a9c84bec	816d15ec	78448908	3549a991
32	5af3242c	52e31f60	2a7212fb	816d15ec	78448908
33	31c756a9	5af3242c	14b8c7d8	2a7212fb	816d15ec
34	e9ac987c	31c756a9	16bcc90b	14b8c7d8	2a7212fb
35	ab7c32ee	e9ac987c	4c71d5aa	16bcc90b	14b8c7d8
36	5933fc99	ab7c32ee	3a6b261f	4c71d5aa	16bcc90b
37	43f87ae9	5933fc99	aadf0cbb	3a6b261f	4c71d5aa
38	24957f22	43f87ae9	564cff26	aadf0cbb	3a6b261f
39	adeb7478	24957f22	50fe1eba	564cff26	aadf0cbb
40	d70e5010	adeb7478	89255fc8	50fe1eba	564cff26
41	79bcfb08	d70e5010	2b7add1e	89255fc8	50fe1eba
42	f9bcb8de	79bcfb08	35c39404	2b7add1e	89255fc8
43	633e9561	f9bcb8de	1e6f3ec2	35c39404	2b7add1e
44	98c1ea64	633e9561	be6f2e37	1e6f3ec2	35c39404
45	c6ea241e	98c1ea64	58cfa558	be6f2e37	1e6f3ec2
46	a2ad4f02	c6ea241e	26307a99	58cfa558	be6f2e37
47	c8a69090	a2ad4f02	b1ba8907	26307a99	58cfa558
48	88341600	c8a69090	a8ab53c0	b1ba8907	26307a99
49	7e846f58	88341600	3229a424	a8ab53c0	b1ba8907
50	86e358ba	7e846f58	220d0580	3229a424	a8ab53c0
51	8d2e76c8	86e358ba	1fa11bd6	220d0580	3229a424
52	ce892e10	8d2e76c8	a1b8d62e	1fa11bd6	220d0580
53	edea95b1	ce892e10	234b9db2	a1b8d62e	1fa11bd6
54	36d1230a	edea95b1	33a24b84	234b9db2	a1b8d62e
55	776c3910	36d1230a	7b7aa56c	33a24b84	234b9db2
56	a681b723	776c3910	8db448c2	7b7aa56c	33a24b84
57	ac0a794f	a681b723	1ddb0e44	8db448c2	7b7aa56c
58	f03d3782	ac0a794f	e9a06dc8	1ddb0e44	8db448c2
59	9ef775c3	f03d3782	eb029e53	e9a06dc8	1ddb0e44

60	36254b13	9ef775c3	bc0f4de0	eb029e53	e9a06dc8
61	4080d4dc	36254b13	e7bddd70	bc0f4de0	eb029e53
62	2bfaf7a8	4080d4dc	cd8952c4	e7bddd70	bc0f4de0
63	513f9ca0	2bfaf7a8	10203537	cd8952c4	e7bddd70
64	e5895c81	513f9ca0	0afebdea	10203537	cd8952c4
65	1037d2d5	e5895c81	144fe728	0afebdea	10203537
66	14a82da9	1037d2d5	79625720	144fe728	0afebdea
67	6d17c9fd	14a82da9	440df4b5	79625720	144fe728
68	2c7b07bd	6d17c9fd	452a0b6a	440df4b5	79625720
69	fdf6efff	2c7b07bd	5b45f27f	452a0b6a	440df4b5
70	112b96e3	fdf6efff	4b1ec1ef	5b45f27f	452a0b6a
71	84065712	112b96e3	ff7dbbff	4b1ec1ef	5b45f27f
72	ab89fb71	84065712	c44ae5b8	ff7dbbff	4b1ec1ef
73	c5210e35	ab89fb71	a10195c4	c44ae5b8	ff7dbbff
74	352d9f4b	c5210e35	6ae27edc	a10195c4	c44ae5b8
75	1a0e0e0a	352d9f4b	7148438d	6ae27edc	a10195c4
76	d0d47349	1a0e0e0a	cd4b67d2	7148438d	6ae27edc
77	ad38620d	d0d47349	86838382	cd4b67d2	7148438d
78	d3ad7c25	ad38620d	74351cd2	86838382	cd4b67d2
79	8ce34517	d3ad7c25	6b4e1883	74351cd2	86838382

分组 1 处理完毕后,中间散列值 $H^{(1)}$ 为:

$$H_0^{(1)} = 67452301 + 8ce34517 = f4286818$$
$$H_1^{(1)} = efcdab89 + d3ad7c25 = c37b27ae$$
$$H_2^{(1)} = 98badcfe + 6b4e1883 = 0408f581$$
$$H_3^{(1)} = 10325476 + 74351cd2 = 84677148$$
$$H_4^{(1)} = c3d2e1f0 + 86838382 = 4a566572$$

第二圈:

将第二个明文分组 $M(2)$ 分为 16 个子分组,建立消息表 $W_0, \cdots, W_{15}$:

$W_0 = 00000000$　　$W_1 = 00000000$　　$W_2 = 00000000$　　$W_3 = 00000000$

$W_4 = 00000000$　　$W_5 = 00000000$　　$W_6 = 00000000$　　$W_7 = 00000000$

$W_8 = 00000000$　　$W_9 = 00000000$　　$W_{10} = 00000000$　　$W_{11} = 6c6d6e6f$

$W_{12}=00000000$　　　$W_{13}=00000000$　　　$W_{14}=00000000$　　　$W_{15}=000001c0$

第 $t(t=0 \text{ to } 79)$ 个步骤完成后,工作变量的数值为:

t	a	b	c	d	e
0	2df257e9	f4286818	b0dec9eb	0408f581	84677148
1	4d3dc58f	2df257e9	3d0a1a06	b0dec9eb	0408f581
2	c352bb05	4d3dc58f	4b7c95fa	3d0a1a06	b0dec9eb
3	eef743c6	c352bb05	d34f7163	4b7c95fa	3d0a1a06
4	41e34277	eef743c6	70d4aec1	d34f7163	4b7c95fa
5	5443915c	41e34277	bbbdd0f1	70d4aec1	d34f7163
6	e7fa0377	5443915c	d078d09d	bbbdd0f1	70d4aec1
7	c6946813	e7fa0377	1510e457	d078d09d	bbbdd0f1
8	fdde1de1	c6946813	f9fe80dd	1510e457	d078d09d
9	b8538aca	fdde1de1	f1a51a04	f9fe80dd	1510e457
10	6ba94f63	b8538aca	7f778778	f1a51a04	f9fe80dd
11	43a2792f	6ba94f63	ae14e2b2	7f778778	f1a51a04
12	fecd7bbf	43a2792f	daea53d8	ae14e2b2	7f778778
13	a2604ca8	fecd7bbf	d0e89e4b	daea53d8	ae14e2b2
14	258b0baa	a2604ca8	ffb35eef	d0e89e4b	daea53d8
15	d9772360	258b0baa	2898132a	ffb35eef	d0e89e4b
16	5507db6e	d9772360	8962c2ea	2898132a	ffb35eef
17	a51b58bc	5507db6e	365dc8d8	8962c2ea	2898132a
18	c2eb709f	a51b58bc	9541f6db	365dc8d8	8962c2ea
19	d8992153	c2eb709f	2946d62f	9541f6db	365dc8d8
20	37482f5f	d8992153	f0badc27	2946d62f	9541f6db
21	ee8700bd	37482f5f	f6264854	f0badc27	2946d62f
22	9ad594b9	ee8700bd	cdd20bd7	f6264854	f0badc27
23	8fbaa5b9	9ad594b9	7ba1c02f	cdd20bd7	f6264854
24	88fb5867	8fbaa5b9	66b5652e	7ba1c02f	cdd20bd7
25	eec50521	88fb5867	63eea96e	66b5652e	7ba1c02f
26	50bce434	eec50521	e23ed619	63eea96e	66b5652e
27	5c416daf	50bce434	7bb14148	e23ed619	63eea96e

28	2429be5f	5c416daf	142f390d	7bb14148	e23ed619
29	0a2fb108	2429be5f	d7105b6b	142f390d	7bb14148
30	17986223	0a2fb108	c90a6f97	d7105b6b	142f390d
31	8a4af384	17986223	028bec42	c90a6f97	d7105b6b
32	6b629993	8a4af384	c5e61888	028bec42	c90a6f97
33	f15f04f3	6b629993	2292bce1	c5e61888	028bec42
34	295cc25b	f15f04f3	dad8a664	2292bce1	c5e61888
35	696da404	295cc25b	fc57c13c	dad8a664	2292bce1
36	cef5ae12	696da404	ca573096	fc57c13c	dad8a664
37	87d5b80c	cef5ae12	1a5b6901	ca573096	fc57c13c
38	84e2a5f2	87d5b80c	b3bd6b84	1a5b6901	ca573096
39	03bb6310	84e2a5f2	21f56e03	b3bd6b84	1a5b6901
40	c2d8f75f	03bb6310	a138a97c	21f56e03	b3bd6b84
41	bfb25768	c2d8f75f	00eed8c4	a138a97c	21f56e03
42	28589152	bfb25768	f0b63dd7	00eed8c4	a138a97c
43	ec1d3d61	28589152	2fec95da	f0b63dd7	00eed8c4
44	3caed7af	ec1d3d61	8a162454	2fec95da	f0b63dd7
45	c3d033ea	3caed7af	7b074f58	8a162454	2fec95da
46	7316056a	c3d033ea	cf2bb5eb	7b074f58	8a162454
47	46f93b68	7316056a	b0f40cfa	cf2bb5eb	7b074f58
48	dc8e7f26	46f93b68	9cc5815a	b0f40cfa	cf2bb5eb
49	850d411c	dc8e7f26	11be4eda	9cc5815a	b0f40cfa
50	7e4672c0	850d411c	b7239fc9	11be4eda	9cc5815a
51	89fbd41d	7e4672c0	21435047	b7239fc9	11be4eda
52	1797e228	89fbd41d	1f919cb0	21435047	b7239fc9
53	431d65bc	1797e228	627ef507	1f919cb0	21435047
54	2bdbb8cb	431d65bc	05e5f88a	627ef507	1f919cb0
55	6da72e7f	2bdbb8cb	10c7596f	05e5f88a	627ef507
56	a8495a9b	6da72e7f	caf6ee32	10c7596f	05e5f88a
57	e785655a	a8495a9b	db69cb9f	caf6ee32	10c7596f
58	5b086c42	e785655a	ea1256a6	db69cb9f	caf6ee32

59	a65818f7	5b086c42	b9e15956	ea1256a6	db69cb9f
60	7aab101b	a65818f7	96c21b10	b9e15956	ea1256a6
61	93614c9c	7aab101b	e996063d	96c21b10	b9e15956
62	f66d9bf4	93614c9c	deaac406	e996063d	96c21b10
63	d504902b	f66d9bf4	24d85327	deaac406	e996063d
64	60a9da62	d504902b	3d9b66fd	24d85327	deaac406
65	8b687819	60a9da62	f541240a	3d9b66fd	24d85327
66	083e90c3	8b687819	982a7698	f541240a	3d9b66fd
67	f6226bbf	083e90c3	62da1e06	982a7698	f541240a
68	76c0563b	f6226bbf	c20fa430	62da1e06	982a7698
69	989dd165	76c0563b	fd889aef	c20fa430	62da1e06
70	8b2c7573	989dd165	ddb0158e	fd889aef	c20fa430
71	ae1b8e7b	8b2c7573	66277459	ddb0158e	fd889aef
72	ca1840de	ae1b8e7b	e2cb1d5c	66277459	ddb0158e
73	16f3babb	ca1840de	eb86e39e	e2cb1d5c	66277459
74	d28d83ad	16f3babb	b2861037	eb86e39e	e2cb1d5c
75	6bc02dfe	d28d83ad	c5bceeae	b2861037	eb86e39e
76	d3a6e275	6bc02dfe	74a360eb	c5bceeae	b2861037
77	da955482	d3a6e275	9af00b7f	74a360eb	c5bceeae
78	58c0aac0	da955482	74e9b89d	9af00b7f	74a360eb
79	906fd62c	58c0aac0	b6a55520	74e9b89d	9af00b7f

分组 2 处理完毕后，中间散列值 $H^{(2)}$ 为：

$H_0^{(2)} = \text{f4286818} + \text{906fd62c} = \text{84983e44}$

$H_1^{(2)} = \text{c37b27ae} + \text{58c0aac0} = \text{1c3bd26e}$

$H_2^{(2)} = \text{0408f581} + \text{b6a55520} = \text{baae4aa1}$

$H_3^{(2)} = \text{84677148} + \text{74e9b89d} = \text{f95129e5}$

$H_4^{(2)} = \text{4a566572} + \text{9af00b7f} = \text{e54670f1}$

最终得到的 160 bit 的消息摘要为：84983e44 1c3bd26e baae4aa1 f95129e5 e54670f1。

9.5　其它散列函数

9.5.1　MD4

1. MD4 简介

Rivest 在 1990 年设计了 MD4,作为 RFC 1186(Request for Comments:1186)在 1990 年 10 月公布,1991 年 1 月修改版 RFC 1186B 公布,作了部分修改后作为 RFC 1320 在 1992 年 4 月公布,RFC 1186 同时作废。MD4 算法易于实现,能够为任意长度的明文生成指纹或消息摘要。找到任意两则具有相同消息摘要的消息需要 2^{64} 的操作,找到与特定明文有相同消息摘要的另一消息需 2^{128} 次的操作。MD4 算法同样需要填补信息以使明文的长度模 512 等于 448,再将明文的原始长度以 64 bit 表示填充在后面。信息被按 512 bit 分组,每个分组通过三轮(Round)共 48 个步骤(Step)的处理。Den Boer 和 Bosselaers 及其他人发现了攻击 MD4 第一步和第三步的漏洞。Dobbertin 演示了如何利用一部 PC 机几分钟内找到 MD4 完整版本中的碰撞。于是,MD4 被淘汰。但 MD4 所提供的设计方法和思路却对散列函数的设计起了至关重要的作用,现在十分流行的 MD5 和 SHA-1 都是基于 MD4 所设计的。

2. MD4 算法描述

在以下的描述中,用"$+$"表示模 2^{32} 的加法,用 $X<<<s$ 表示一个 32 bit 变量 X 循环左移 s bit 位。

通过以下五个步骤就可以计算得到明文的消息摘要:

(1)填充附加位:

在原始明文的后面填充 1 bit 的"1",再填充多个"0"。直至长度等于 448 mod 512。即使原始明文的长度已经等于 448 mod 512,也要进行填充。然后将明文的原始长度用 64 bit 表示连接在后面。

(2)初始化 MD 缓冲区:

MD4 使用了一个 4 个字长的缓冲区(A,B,C,D) ,A,B,C,D 分别是 32 bit 的寄存器。这些寄存器首先要被以下的 16 进制数初始化:

　　　　word A:0x 01 23 45 67　　word B:0x 89 ab cd ef
　　　　word C:0x fe dc ba 98　　word D:0x 76 54 32 10

(3)定义三个辅助函数:

每个函数均以 3 个 32 bit 的变量作为输入,输出 1 个 32 bit 的变量。

　　　　第 1 轮:　　$F(X,Y,Z)=(X \text{ and } Y) \text{ or } (\text{not}(X) \text{ and } Z)$

第 2 轮：　$G(X,Y,Z)=(X \text{ and } Y) \text{ or } (X \text{ and } Z) \text{ or } (Y \text{ and } Z)$

第 3 轮：　$H(X,Y,Z)=X \text{ xor } Y \text{ xor } Z$

（4）计算中间散列值：

将一个分组再分成 16 个子分组。

将第 i 个明文分组复制到 X

$$X[j]=M[i*16+j]\quad(j=0 \text{ to } 15)\quad(i=0 \text{ to } N/16-1)$$

再将 4 个寄存器值复制到另外 4 个变量：

$$AA=A\qquad BB=B\qquad CC=C\qquad DD=D$$

第 1 轮

$FF(a,b,c,d,k,s)$　表示 $a=(a+F(b,c,d)+X[k])<<<s$

$(A,B,C,D,0,3)$	$(D,A,B,C,1,7)$	$(C,D,A,B,2,11)$	$(B,C,D,A,3,19)$
$(A,B,C,D,4,3)$	$(D,A,B,C,5,7)$	$(C,D,A,B,6,11)$	$(B,C,D,A,7,19)$
$(A,B,C,D,8,3)$	$(D,A,B,C,9,7)$	$(C,D,A,B,10,11)$	$(B,C,D,A,11,19)$
$(A,B,C,D,12,3)$	$(D,A,B,C,13,7)$	$(C,D,A,B,14,11)$	$(B,C,D,A,15,19)$

第 2 轮

$GG(a,b,c,d,k,s)$　表示 $a=(a+G(b,c,d)+X[k]+5A827999)<<<s$

$(A,B,C,D,0,3)$	$(D,A,B,C,4,5)$	$(C,D,A,B,8,9)$	$(B,C,D,A,12,13)$
$(A,B,C,D,1,3)$	$(D,A,B,C,5,5)$	$(C,D,A,B,9,9)$	$(B,C,D,A,13,13)$
$(A,B,C,D,2,3)$	$(D,A,B,C,6,5)$	$(C,D,A,B,10,9)$	$(B,C,D,A,14,13)$
$(A,B,C,D,3,3)$	$(D,A,B,C,7,5)$	$(C,D,A,B,11,9)$	$(B,C,D,A,15,13)$

第 3 轮

$HH(a,b,c,d,k,s)$　表示 $a=(a+H(b,c,d)+X[k]+6ED9EBA1)<<<s$

$(A,B,C,D,0,33)$	$(D,A,B,C,8,34)$	$(C,D,A,B,4,35)$	$(B,C,D,A,12,36)$
$(A,B,C,D,2,37)$	$(D,A,B,C,10,38)$	$(C,D,A,B,6,39)$	$(B,C,D,A,14,40)$
$(A,B,C,D,1,41)$	$(D,A,B,C,9,42)$	$(C,D,A,B,5,43)$	$(B,C,D,A,13,44)$
$(A,B,C,D,3,45)$	$(D,A,B,C,11,46)$	$(C,D,A,B,7,47)$	$(B,C,D,A,15,48)$

（5）计算最终散列值：

在所有步骤完成后将 4 个寄存器中的值和预先复制的值相加。

$$A=A+AA \quad B=B+BB$$
$$C=C+CC \quad D=D+DD$$

A、B、C、D 的值作为下一个消息分组运算时的初始值。最后一个消息分组得到的输出 A,B,C 和 D 级联成为 128 bit 的消息散列值。

第二轮和第三轮用到的常数,十进制值分别为 013240474631 和 015666365641,与 2 和 3 的平方根有关系。

用 MD4 求散列值的例子:

MD4("a")=bde52cb31de33e46245e05fbdbd6fb24

MD4("abc")=a448017aaf21d8525fc10ae87aa6729d

MD4("abcdefghijklmnopqrstuvwxyz")=d79e1c308aa5bbcdeea8ed63df412da9

MD4("ABCDEFGHIJKLMNOPQRSTUVWXYZabcdefghijklmnopqrstuvwxyz0123456789")=043f8582f241db351ce627e153e7f0e4

9.5.2 其它散列函数简介

美国 NIST 在 2002 年 8 月 1 日发布了 FIPS PUB 180-2,在 2003 年 1 月替换原来的 FIPS PUB 180-1。在该标准中,详细描述了 SHA 系列算法,包括 SHA-1、SHA-256,SHA-384 和 SHA-512。

FIPS 180-2(SHA-2)替换了 FIPS 180-1(SHA-1),并附加三个可以产生较大长度消息摘要的算法。SHA-1 算法在 FIPS 180-2 中的描述和 FIPS 180-1 中相同,为和 SHA-256、SHA-384、SHA-512 保持一致,只做了一些符号上的改动。FIPS 180-2 中的四个算法都是能够产生消息摘要的循环、单向散列函数。这些算法与通常的散列算法一样,能够用来判定消息的完整性。四个算法在明文分组的长度和计算过程中使用的基本单元数方面有所不同。它们的的各种参数如下表:

表 9-1 几类散列函数参数

算法	消息长度 (bit)	分组长度 (bit)	字长 (bit)	消息摘要长度 (bit)
SHA-1	$<2^{64}$	512	32	160
SHA-256	$<2^{64}$	512	32	256
SHA-384	$<2^{128}$	1024	64	384
SHA-512	$<2^{128}$	1024	64	512

1. SHA-256

SHA-256 能够对一则长度为 l 的消息 M 产生散列值,$0 \leqslant l < 2^{64}$。在该算法

中,使用了一个由 64 个 32 bit 单元构成的消息表(message schedule),8 个各 32 bit 的工作变量,8 个 32 bit 字长组成的中间散列值。最终生成 256 bit 的消息摘要。消息表记作 $W_0, W_1, \cdots, W_{63}$,8 个工作变量记作 a, b, c, d, e, f, g 和 h,中间散列值记作 $H_0^{(i)}, H_1^{(i)}, \cdots, H_7^{(i)}$。$H^{(0)}$ 要用固定的数值来初始化,运算过程中不断被每个消息分组处理完成后的中间散列值 $H^{(i)}$ 代替,最终被最后的 $H^{(i)}$ 代替,SHA-256 也使用了两个临时变量 $T1$ 和 $T2$。

(1) SHA-256 的预处理

a 按照规则填充消息 M;

b 将填充后的消息分成 N 个 512 bit 的分组 $M^{(1)}, M^{(2)}, \cdots, M^{(N)}$;

c 用十六进制数初始化 8 个工作变量 $H^{(0)}$:

$$H_0^{(0)} = 0x\ 6a09e667 \qquad H_1^{(0)} = 0x\ bb67ae85$$

$$H_2^{(0)} = 0x\ 3c6ef372 \qquad H_3^{(0)} = 0x\ a54ff53a$$

$$H_4^{(0)} = 0x\ 510e527f \qquad H_5^{(0)} = 0x\ 9b05688c$$

$$H_6^{(0)} = 0x\ 1f83d9ab \qquad H_7^{(0)} = 0x\ 5be0cd19$$

(2) SHA-256 的散列计算

SHA-256 用函数和常量来计算散列值,"+"均指模 2^{32} 的加法。预处理完成后,将每个消息分组分成 16 个 32 bit 的子分组,再按以下规则变换成 64 个 32 bit 的子分组,组成一个有 64 个 32 bit 单元的消息表,按次序依次进行处理。

For i = 1 to N:

{ 1. 计算产生消息表 $\{W_t\}$:

$$W_t = M_t^{(i)} \qquad 0 \leqslant t \leqslant 15$$

$$W_t = \sigma_1^{\{256\}}(W_{t-2}) + W_{t-7} + \sigma_0^{\{256\}}(W_{t-15}) + W_{t-16} \qquad 16 \leqslant t \leqslant 63$$

2. 以第 i−1 圈的散列值初始化 8 个工作变量 a,b,c,d,e,f,g 和 h:

$$a = H_0^{(i-1)} \qquad b = H_1^{(i-1)}$$

$$c = H_2^{(i-1)} \qquad d = H_3^{(i-1)}$$

$$e = H_4^{(i-1)} \qquad f = H_5^{(i-1)}$$

$$g = H_6^{(i-1)} \qquad h = H_7^{(i-1)}$$

3. For t = 0 to 63:

{

$$T_1 = h + (\sigma_1^{\{256\}}(e) + Ch(e, f, g) + K_{t\{256\}} + W_t$$

$$T_2 = \sigma_0^{\{256\}}(a) + Maj(a, b, c)$$

$$h = g$$

$$g = f$$

$$f=e$$
$$e=d+T_1$$
$$d=c$$
$$c=b$$
$$b=a$$
$$a=T_1+T_2$$
　　　　　}

4. 计算第 i 圈的中间散列值 $H^{(i)}$：

$$H_0^{(i)}=a+H_0^{(i-1)} \qquad H_1^{(i)}=b+H_1^{(i-1)}$$
$$H_2^{(i)}=c+H_2^{(i-1)} \qquad H_3^{(i)}=d+H_3^{(i-1)}$$
$$H_4^{(i)}=e+H_4^{(i-1)} \qquad H_5^{(i)}=f+H_5^{(i-1)}$$
$$H_6^{(i)}=g+H_6^{(i-1)} \qquad H_7^{(i)}=h+H_7^{(i-1)}$$

}

经过 N 圈循环之后，消息 M 最终 256 bit 的消息摘要是 8 个工作变量中数据的级联：$H_0^{(N)} \parallel H_1^{(N)} \parallel H_2^{(N)} \parallel H_3^{(N)} \parallel H_4^{(N)} \parallel H_5^{(N)} \parallel H_6^{(N)} \parallel H_7^{(N)}$。

2. SHA-512

SHA-512 能够对一则长度为 l 的消息 M 产生散列值，$0 \leqslant l < 2^{128}$。在该算法中，使用了一个由 80 个 64 bit 单元构成的消息表（message schedule），8 个各 64 bit 的工作变量，8 个 64 bit 字长组成的中间散列值。最终生成 512 bit 的消息摘要。消息表记作 $W_0,W_1,\cdots,W_{79}$，8 个工作变量记作 a,b,c,d,e,f,g 和 h，中间散列值记作 $H_0^{(i)},H_1^{(i)},\cdots,H_7^{(i)}$。$H^{(0)}$ 要用固定的数值来初始化，运算过程中不断被每个消息分组处理完成后的中间散列值 $H^{(i)}$ 代替，最终被最后 $H^{(i)}$ 代替，SHA-512 使用了两个临时变量 T1 和 T2。

（1）SHA-512 明文预处理

a 按照规则填充消息 M；

b 将填充后的消息分成 N 个 1024 bit 的分组 $M^{(1)},M^{(2)},\cdots,M^{(N)}$；

c 用十六进制数初始化 8 个工作变量 $H^{(0)}$：

$$H_0^{(0)}=0x\ 6a09e667\ f3bcc908 \qquad H_1^{(0)}=0x\ bb67ae85\ 84caa73b$$
$$H_2^{(0)}=0x\ 3c6ef372\ fe94f82b \qquad H_3^{(0)}=0x\ a54ff53a\ 5f1d36f1$$
$$H_4^{(0)}=0x\ 510e527f\ ade682d1 \qquad H_5^{(0)}=0x\ 9b05688c\ 2b3e6c1f$$
$$H_6^{(0)}=0x\ 1f83d9ab\ fb41bd6b \qquad H_7^{(0)}=0x\ 5be0cd19\ 137e2179$$

（2）SHA-512 的散列计算

SHA-512 的散列计算用到函数和常量。以下的"＋"都是模 2^{64} 的加法。预处理完成后,将每个消息分组分成 16 个 64 bit 的子分组,再按以下规则变换成 80 个 64 bit 的子分组,组成一个有 80 个 64 bit 单元的消息表,按次序依次进行处理。

For i = 1 to N:

{

　　1. 对预处理后的消息产生消息表 $\{W_t\}$:

　　$W_t = M_t^{(i)}$ 　　$0 \leqslant t \leqslant 15$

　　$W_t = \sigma_1^{\{256\}}(W_{t-2}) + W_{t-7} + + \sigma_0^{\{256\}}(W_{t-15}) + W_{t-16}$ 　　$16 \leqslant t \leqslant 79$

　　2. 用第 i-1 圈的中间散列值初始化 8 个工作变量 a,b,c,d,e,f,g 和 h:

　　　　$a = H_0^{(i-1)}$ 　　　　　　　　$b = H_1^{(i-1)}$

　　　　$c = H_2^{(i-1)}$ 　　　　　　　　$d = H_3^{(i-1)}$

　　　　$e = H_4^{(i-1)}$ 　　　　　　　　$f = H_5^{(i-1)}$

　　　　$g = H_6^{(i-1)}$ 　　　　　　　　$h = H_7^{(i-1)}$

　　3. For t = 0 to 79:

　　{

　　　　$T_1 = h + (\sum_1^{\{256\}}(e) + Ch(e,f,g) + K_t^{\{256\}} + W_t$

　　　　$T_2 = (\sum_0^{\{256\}}(a) + Maj(a,b,c)$

　　　　$h = g$

　　　　$g = f$

　　　　$f = e$

　　　　$e = d + T_1$

　　　　$d = c$

　　　　$c = b$

　　　　$b = a$

　　　　$a = T_1 + T_2$

　　}

　　4. 计算第 i 圈的中间散列值 $H^{(i)}$:

　　　　$H_0^{(i)} = a + H_0^{(i-1)}$ 　　　　$H_1^{(i)} = b + H_1^{(i-1)}$

　　　　$H_2^{(i)} = c + H_2^{(i-1)}$ 　　　　$H_3^{(i)} = d + H_3^{(i-1)}$

　　　　$H_4^{(i)} = e + H_4^{(i-1)}$ 　　　　$H_5^{(i)} = f + H_5^{(i-1)}$

　　　　$H_6^{(i)} = g + H_6^{(i-1)}$ 　　　　$H_7^{(i)} = h + H_7^{(i-1)}$

}

经过 N 圈循环之后,消息 M 最终的 512 bit 的消息摘要是 8 个工作变量中数据的级联: $H_0^{(N)} \parallel H_1^{(N)} \parallel H_2^{(N)} \parallel H_3^{(N)} \parallel H_4^{(N)} \parallel H_5^{(N)} \parallel H_6^{(N)} \parallel H_7^{(N)}$ 。

3. SHA-384

SHA-384 能够对一则长度为 l 的消息 M 产生散列值，$0 \leqslant l < 2^{128}$。该算法除以下两点外，其余均与 SHA-512 的定义相同。

(1) 工作变量 $H^{(0)}$ 按照以下值进行初始化：

$H_0^{(0)} = 0\mathrm{x}\ \mathrm{cbbb9d5d\ c1059ed8}$　　$H_1^{(0)} = 0\mathrm{x}\ \mathrm{629a292a\ 367cd507}$

$H_2^{(0)} = 0\mathrm{x}\ \mathrm{9159015a\ 3070dd17}$　　$H_3^{(0)} = 0\mathrm{x}\ \mathrm{152fecd8\ f70e5939}$

$H_4^{(0)} = 0\mathrm{x}\ \mathrm{67332667\ ffc00b31}$　　$H_5^{(0)} = 0\mathrm{x}\ \mathrm{8eb44a87\ 68581511}$

$H_6^{(0)} = 0\mathrm{x}\ \mathrm{db0c2e0d\ 64f98fa7}$　　$H_7^{(0)} = 0\mathrm{x}\ \mathrm{47b5481d\ befa4fa4}$

(2) 最终得到的散列值是最后一圈中间散列值 $H^{(N)}$ 最左端的 384 bit：

$H_0^{(N)} \parallel H_1^{(N)} \parallel H_2^{(N)} \parallel H_3^{(N)} \parallel H_4^{(N)} \parallel H_5^{(N)}$

SHA-1

SHA-1("123456789012345678901234567890123456789012345678901234567890123456789012345678901234567890")=50abf5706a150990a08b2c5ea40fa0e585554732

SHA-1("网络与信息系统安全")=420a84e3e9421da425c35f09919c996f97f92017

9.6　基于散列函数的 HMAC

9.6.1　HMAC 简介

在开放的计算和通信环境中，能够提供一种方法来验证信息在传输和存储的过程中的完整性是十分必要的。基于密钥的能够提供这种功能的机制通常称为消息认证码(message authentication codes，MAC)。通常，消息认证码 MAC 用在两个共享密钥的两个用户之间，来确认他们之间信息传输的有效性。HMAC 是一种利用密码学中的散列函数来进行消息认证的一种机制。这种机制最初是由 BCK1 构造并分析的。任何循环密码散列函数与密钥结合都可以用来构造 HMAC，MD5 和 SHA-1 是最好的例子。HMAC 还使用了一个密钥来计算和验证消息的验证值。这种机制的主要目标是：

1. 使用未经篡改的、有效的散列函数，尤为重要的是，散列函数的软件实现是安全的，其代码应该是开放的；

2. 保持散列函数的原有性能，设计和实现过程没有使之出现显著的降低；

3. 密钥的使用和操作方式简便；

4. 存在一种易于理解的强度分析方法，使这种机制强度基于其所依据的散列函数；

5. 当有更快更安全的散列函数出现时，能够容易地替换原来所使用的函数；

　　HMAC 机制使用普通的密码散列函数 H。描述 HMAC 的例子需要定义一个特定的散列函数，目前可以使用的散列函数包括 SHA-1［SHA］、MD5［MD5］、RIPEMD-128/160［RIPEMD］，分别用 HMAC-SHA1，HMAC-MD5，HMAC-RIPEMD 来表示这些不同的 HMAC 实现方式。

　　MD5 和 SHA-1 是使用最广泛的散列函数。2005 年我国学者王小云在 MD5 和 SHA-1 的破译方面取得了巨大进展，但 MD5 和 SHA-1 目前还在使用。在任何情况下，开发者和用户都应尽可能了解这些散列函数的发展，最终要替换所依据的散列函数。

9.6.2　HMAC 的定义

　　在 HMAC 的定义中用到一个密码散列函数 H 和一个密钥 K。假设 H 是一个能够对明文进行分组循环压缩的散列函数，B 为散列函数的明文分组长度（byte），在上述的散列函数中 $B=64$，L 为散列函数的输出长度（byte），MD5 中 $L=16$，SHA-1 中 $L=20$。认证密钥 K 可以为任意长度，一般密钥长度应大于明文分组的长度，将密钥的第一次散列值作为 HMAC 真正使用的密钥，密钥的最小推荐长度为 L bytes。

　　再定义两个不同的固定字符串 ipad 和 opad 如下（"i"和"o"表示内部和外部）：

　　ipad＝一个字节（byte）的 0x36 重复 B 次；

　　opad＝一个字节（byte）的 0x5C 重复 B 次。

　　若以"text"作为要计算 HMAC 的明文，则作如下操作：

　　H(K XOR opad,H(K XOR ipad,text))

也就是说，操作步骤如下：

　　(1) 在密钥 K 后面填充 0，使其成为长度为 B byte 的字符串；

如：K 是 20 bytes 的字符串，$B=64$，则要填充 44 个字节的 0x00。

　　(2) 用第一步得到的 B byte 的字符串与 ipad 作 XOR（按位异或）；

　　(3) 将数据流 text 附加到第(2)步产生的 B byte 字符串后面；

　　(4) 对第(3)产生的数据流用散列函数 H 计算消息摘要；

　　(5) 用第一步得到的 B byte 的字符串与 opad 作 XOR（按位异或）；

　　(6) 将第(4)生成的消息摘要附加到第(5)步的 B byte 字符串之后；

　　(7) 对第(6)产生的数据流用散列函数 H 计算消息摘要，作为输出。

　　HMAC 操作流程如图 9－10 所示：

　　HMAC 的密钥可以是任意长度，最小推荐长度为 L bytes，因为小于 L bytes 时会显著地降低函数的安全性，大于 L bytes 时多出的长度也不会提高安全性，但如果密钥的随机性不好，应该使用较长的密钥。密钥应该随机选取，或者由密码性

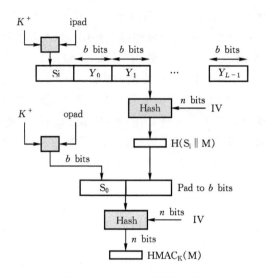

图 9-10　HMAC 操作流程

能良好的伪随机数产生器生成,且要定期更新。

9.6.3　安全性

　　这里所指的消息认证机制的安全性依赖于散列函数 H 本身的属性、对碰撞的抵抗(只限于初始值保密且是随机的,攻击者只能获得函数输出值的情况)和应用于一个单独分组时 H 函数中压缩函数的消息认证属性(在 HMAC 中,攻击者对部分明文分组是未知的,因为这些分组包含了 H 内部计算的一些结果,攻击者不能随意选择)。

　　HMAC 中对散列函数所要求的这些甚至更强的安全属性,是普通散列函数都具有的,如果一个散列函数不具备以上属性,则它就不适合大部分其至所有的密码方面的应用。其实,HMAC 结构的以下两个属性也是很重要的:

　　1. 这种 HMAC 结构是独立于散列函数 H 的细节的,而且还可以被其它的安全密码散列函数替代。

　　2. 消息认证相对于加密,有瞬时效应。一个被攻破的消息认证方案会导致这个方案被替换,但不会对过去认证的消息产生影响。加密机制在这一点上和认证有明显不同,当前加密的消息,将来在加密算法被攻破时就有可能暴露。

　　已知对 HMAC 最有效的攻击是基于散列函数 H 碰撞频度的("生日攻击"),但对于性能良好的散列函数这种攻击也是完全不可行的。例如,考虑一个类似 MD5 的散列函数,其输出长度 $L=16$ bytes(128 bit),攻击者需获得用同一密钥对

2^{64} 个原始明文产生的正确消息认证数据,这至少需要用 H 对 2^{64} 个分组进行处理,在现实环境下这种计算是不可能完成的(对于一个长度为 64 bytes 的分组,不更换密钥,以 1 Gbps 的速度也需要花费 250000 年)。只有当发现散列函数 H 的严重碰撞弱点时(如对 2^{30} 个明文就能发现碰撞),这种攻击才能得逞。出现这种问题时,散列函数也就该立即更换了,而且在散列函数的传统用法如数字签名、公钥证书等方面的影响更为严重。

对以上结构的正确实现、密钥的随机(或伪随机)选择、安全的密钥交换机制、频繁的密钥更新和密钥的安全保存都是保证 HMAC 能够提供有效的完整性认证机制的重要因素。

习　题

1. 认证函数可以用哪些方法产生?
2. 认证的功能是什么?
3. 什么是消息认证码? 它可以实现什么功能?
4. 如何将公钥密码用于认证?
5. 消息认证码与 Hash 函数的区别是什么?
6. 对 Hash 函数有哪些要求?
7. 与对称密码相比,使用 Hash 函数构造消息认证码的优点是什么?
8. 生日攻击的原理是什么? 简述如何利用生日攻击来攻击 Hash 函数。
9. Hash 函数中压缩函数的作用是什么?
10. MD5 中使用的基本算术和逻辑函数是什么?
11. 说明 MD4 与 MD5 的不同点以及 MD5 的优点。
12. 试比较 SHA-1 与 MD5。
13. 安全 Hash 函数有哪些特征?

第10章 数字签名与认证协议

10.1 数字签名概述

10.1.1 数字签名简介

1. 数字签名的基本概念

长期以来,在政治、军事、外交等活动中签署文件,商业活动中签定契约、合同,以及日常生活中写信等,都是采用手写签名或盖印章的方式来起到认证和鉴别的作用,就是用这种简单的方式解决了许多复杂的问题。随着信息时代的到来,电子商务、办公自动化等数字化业务的兴起,文件将不再是实实在在的物理实体,而是以电子形式进行存储和传输,传统的手写签名和印章方式已经很难再适用,需要一种能够对电子文件进行认证的新的手段。数字签名是在信息时代人们通过数字通信网所进行的迅速的、远距离的签名方式,也叫电子签名。类似于手写签名,数字签名起到认证、核准、生效的作用。

传统的手写签名之所以能让人们信任,是因为一个签名达到了这样的要求:

(1) 签名不可伪造。因为签名中包含了签名者个人所特有的一些信息,如写字习惯、运笔方法等,都是别人很难仿造的。

(2) 签名不可重用。一个签名只能对一份文件起作用,不可能移到别的不同的文件上。

(3) 文件内容不可改变。在文件签名后,文件的内容就不能再变。

(4) 签名不可抵赖。签名和文件都是物理的实体,签名者不能在签名后还声称他没签过名。

数字签名,顾名思义就是数字形式的签名。要能起到认证和识别的目的,至少要达到以下要求:

(1) 不可否认性。签名者事后不能否认自己的签名。

(2) 可验证性。接收者能验证签名,而任何其他人都不能伪造签名。

(3) 可仲裁性。当双方发生争执时,可以由一个公正的第三方出面解决争端。

数字签名是认证理论和密码学研究的一个新课题,现在已经是网络安全中最流行的一个话题。什么是数字签名？又是怎样来实现的呢？可以作一个形象的描述：以电子化形式，使用密码方法，在数字消息中嵌入一个秘密信息，以验证这个秘密信息是否正确来达到识别的目的。它的实质是一种密码变换。数字签名是以电子形式存贮消息的一种方法。签名的表现形式是可以保存在磁盘上、也可以通信网中传输的数据文件。虽然把它也称作签名，但和普通意义上的手写签名已经有了很大差别，主要表现在：

（1）签名的对象不同。手写签名的对象是纸张文件，内容是可见的，而数字签名的对象是数字信息，内容并不可见。

（2）实现的方法不同。手写签名是把一串文字符号加到文件上，签名和文件已经是一个不可分割的整体，数字签名是对数字消息作某种运算，得到的签名和原来的消息是分离的两组数值。

（3）验证方式不同。手写签名是通过和一个已经存在的签名相比较来验证的，这种方法并不是十分安全的，伪造成功的可能很大。数字签名是通过一个公开的验证算法来验证，这样，任何人能验证数字签名，而安全的签名方案又能防止其它人伪造。

2. 数字签名的应用

数字签名出现以后就在各个领域内被广泛应用。最早的应用之一是对禁止核试验签约的验证。美国和前苏联可以各自在对方的地下放置一台地震监测仪，通过监测地震信息来监测对方的核试验。这样两国相互之间是监测与被监测的关系。但是仅仅这样做也不行，存在这两方面的问题：1、被监测国有可能会窜改监测仪传出的数据，这使得监测国很不放心；2、监测国有可能在监测地震信息的同时窃取其它信息，被监测国想看到监测仪传出的数据。这样双方互不信任。使用数字签名就解决了这两方面的问题，可以在监测仪中安装一个秘密的签名装置，对要发送的数据签名，监测国收到信息后验证签名。被监测国能够读取数据，而任何窜改行为都能被验证出来。这是一种消息认证。

数字签名现在最广泛的应用是在网络安全中的身份认证和消息认证。网络用户所进行的都是远程的活动，用户的身份是否真实就显得十分重要，而且很难判断。假冒身份是现在黑客攻击用得最多的一种手段，采用一个完备的身份认证系统，在用户登录时要求他出示签名，验证正确后才能允许他的请求，就能防止这类攻击。另外数据在传输过程中，可能会出现错误、丢失，更重要的是攻击者可能会删改数据的内容。如何来判断所收到的消息是不是正确的呢？通过一个消息认证系统，发方在发送消息的同时附上他的签名，接收者验证，就能及时检查出错误的消息，保证消息的完整性和正确性。

在网络中，电子出版物版权问题、电子商务中客户的账号识别问题、电子投票中选民身份的确认问题中都用到了数字签名。

3. 数字签名的分类

数字签名的分类方法很多。

基于数学难题的分类：根据数字签名方案所基于的数学难题，数字签名方案可分为基于离散对数问题的签名方案和基于素因子分解问题的签名方案。比如 El-Gamal 数字签名方案和 DSA 签名方案都是基于离散对数问题的数字签名方案。而众所周知的 RSA 数字签名方案则是基于素因子分解问题的数字签名方案。将离散对数问题和素因子分解问题结合起来，又可以产生同时基于离散对数和素因子分解问题的数字签名方案，也就是说，只有离散对数问题和素因子分解问题同时可解时，这种数字签名方案才是不安全的，而在离散对数问题和素因子问题只有一个可解时，这种方案仍是安全的。二次剩余问题既可以认为是数学中单独的一个难题，也可以认为是素因子分解问题的特殊情况，而基于二次剩余问题同样可以设计多种数字签名方案。例如，Rabin 数字签名方案等。

基于签名用户的分类：根据签名用户的情况，可将数字签名方案分为单个用户签名的数字签名方案和多个用户的数字签名方案。一般的数字签名是单个用户签名方案，而多个用户的签名方案又称多重数字签名方案。根据签名过程的不同，多重数字签名又可分为有序多重数字签名方案和广播多重数字签名方案。

基于数字签名所具有特性的分类：根据数字签名方案是否具有消息自动恢复特性，可将数字签名方案分为两类：一类不具有消息自动恢复特性，另一类具有消息自动恢复的特性。一般的数字签名是不具有消息自动恢复特性。第一个基于离散对数问题的具有消息自动恢复特性的数字签名方案诞生于 1994 年。

按签名方式分：可分为直接数字签名(direct digital signature)和仲裁数字签名(arbitrated digital signature)；**按安全性可分为**：无条件安全的数字签名和计算上安全的数字签名；**按可签名次数分为**：一次性的数字签名和多次性的数字签名。另外，根据不同的用途还有普通数字签名、盲签名、群签名、门限签名、故障停止式签名、不可否认签名等。

10.1.2 数字签名的原理

1. 数字签名系统的组成

一个数字签名系统由签名者、验证者、密钥、算法和待签名消息几个要素组成。

数字签名系统中的参与者是签名者和验证者。签名者通常是一个人，在群体密码学中签名者可以是多个人员组成的一个群体。验证者可以是多个人，只有在一些特殊签名方案中验证者才是特定的一个人。签名者出示自己的签名，以证明自己的身份或让验证者确认所发送消息的完整性。验证者验证签名，以此来确认签名者的身份或判断消息是否完整。我们在这里用 A 来表示签名者,用 B 来表示验证者。

签名系统的参数和变量包括:

消息空间 M,所有可能的消息的集合;签名空间 S,所有可能的签名的集合;密钥空间 K,所有可能的密钥的集合。

签名者的密钥分为私钥 sK 和公钥 pK 两部分,私钥 sK 保密,是签名者自己保存、单独使用的签名密钥,公钥 pK 公开,是所有验证者都能使用的验证密钥,和公钥密码的公钥和私钥是相同的。

数字签名的算法由两部分组成:保密的签名算法 $S(\cdot)$ 和公开的验证算法 $V(\cdot\cdot)$。对于每一个 $V(\cdot\cdot)$,存在着一个计算上简单可行的签名算法 $S(\cdot)$。这两个算法不同于加密系统中的加密算法和解密算法,并不是互逆的,验证的过程也是签名的逆过程。

2. 数字签名协议原理

数字签名方案一般包括三个过程:系统初始化过程、签名产生过程和签名验证过程。在系统的初始化过程中要产生数字签名方案中用到的一切参数,有公开的,也有秘密的。在签名产生的过程中用户利用给定的算法对消息产生签名,这种签名过程可以公开也可以不公开。在签名验证过程中,验证者利用公开验证方法对给定消息的签名进行验证,得出签名的有效性。

签名者在自己的私钥控制下完成签名 $S_{sK}(M)$,因为私钥和签名算法是对外保密的,所以只有合法签名者才能完成他自己的签名。

将消息 M 同数字签名 $S_{sK}(M)$ 一同发送给接收者。

在签名者的公钥 pK 的参与下完成签名验证 $V_{pK}(S,M)$,验证数字签名与消息是否满足验证函数。因为公钥和验证算法都是公开的,任何收到签名的人都可以验证。数字签名协议原理如图 10-1 所示。

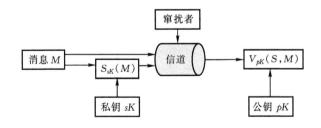

图 10-1　数字签名协议原理示意图

数字签名和加密是不同层次的过程。数字签名不要求保密性,签名算法是一个单向函数,并不要求从签名还原出原来的消息。

假设数字签名系统中,签名者为 Alice,验证者为 Bob,基本协议为:

a. Alice 用她的私钥对文件签名;

b. Alice 将文件和签名传给 Bob;

c. Bob 用 Alice 的公钥验证签名。

在实际过程中,这种做法的效率太低,数字签名协议常常与单向散列函数一起使用。Alice 并不对整个文件签名,而是只对文件的散列值签名。在下面的协议中,单向散列函数和数字签名算法是事先协商好的:

a. Alice 产生文件的消息摘要;

b. Alice 用她的私钥对消息摘要签名;

c. Alice 将文件和签名送给 Bob;

d. Bob 对 Alice 发送的文件计算产生消息摘要,用 Alice 的公钥来验证签名,如果消息摘要和签名匹配,则签名有效。

10.1.3 RSA 签名体制

第 7.2 节中的 RSA 算法既可以作为公钥加密算法,也可以作为数字签名算法,现已成为 PKI 系统中的重要算法之一。系统的构成和 RSA 加密体制完全相同:

利用 RSA 进行数字签名时,签名者用自己的秘密密钥对消息操作,得到签名信息,验证者用公开密钥进行验证,过程如下:

设用户 Alice 的公开密钥为 n_A、e_A,秘密密钥为 d_A,消息为 m。

签名算法为

$$s \equiv m^{d_A} \bmod n_A$$

验证算法为

$$m \equiv s^{e_A} \bmod n_A$$

签名认证过程与加密解密的过程刚好相反。

这是只签名不加密的情形,任何人截获到签过名的信息 s 之后,都可以用 Alice 的公开密钥恢复消息 m。

若 Alice 要发送一条机密信息给 Bob 并签名,则需要运算两次:Alice 先计算 $s \equiv m^{d_A} \bmod n_A$,对消息签名;再计算 $c \equiv s^{e_B} \bmod n_B$,用 Bob 的公开密钥进行加密。最后将 c 发送给 Bob。Bob 收到 c 后,先解密,计算 $s \equiv c^{d_B} \bmod n_B$;再验证 Alice 的签名,计算 $m' \equiv s^{e_A} \bmod n_A$,若得到的结果 m' 是有意义的明文,则说明该信息确实来自 Alice。

整个过程为

$$m \xrightarrow{n_A} s \xrightarrow{n_B} c \xrightarrow{n_B} s \xrightarrow{n_A} m$$

其中 $0 \leqslant s < n_A$，$0 \leqslant c < n_B$。

如果 $n_A > n_B$，则当 $n_B \leqslant s \leqslant n_A$ 时，解密的结果为

$$s' \equiv c^{d_A} \bmod n_B$$

$s' < n_B$，从而 $s' \neq s$，影响验证过程。

而当 $n_A \leqslant n_B$ 时，不会出现上述问题。

当 $n_A > n_B$ 时，对签名结果 s 作一些处理，比如可将其分解为比 n_B 小的块，再逐块加密即可。

请思考为什么要先签名后加密？

10.2　数字签名标准 DSA

10.2.1　ElGamal 签名

参数设定：

设存在一个大素数 p，及 $GF(p)$ 中的本原元 g，

用户密钥：

签名者任选一个随机数 $x \in (1, p-1)$ 作为私钥，计算 $y \equiv g^x \bmod p$ 作为其公钥。其中 g 和 p 可以由一组用户共用。

签名：

m 为签名信息，首先选取一个随机整数 $k (1 \leqslant k \leqslant p-2)$，$k$ 与 $p-1$ 互素，计算

$r = g^k \bmod p$

$s = k^{-1}(m - xr) \bmod (p-1)$

验证：

验证者 A 验证等式是否成立：$g^m = y^r r^s \bmod p$

若正确，则 (r, s) 为 m 的合法签名，否则为非法签名。

该签名系统是基于离散对数问题的，其安全性基于离散对数问题的困难性。

10.2.2　数字签名算法 DSA

1991 年美国国家标准局 NIST 将数字签名算法 DSA（Digital Signature Algorithm，DSA）作为其数字签名标准 DSS（Digital Signature Standard），该方案是特别为签名的目的而设计的。DSA 是 ElGamal 数字签名的变形。

在 NIST 的 DSS 标准中，使用了安全散列函数 SHA-1。当任意长度小于

2^{64} bit的明文作为输入,SHA-1都能产生 160 bit 的输出作为消息摘要,产生的消息摘要就可以作为 DSA 的输入,用来产生消息的签名或者验证签名。因为消息摘要一般要比原始明文小得多,所以对消息摘要进行签名能够提高效率。当然,在验证签名时必须使用和产生签名时相同的散列函数。

参数设定:

p 为素数,其中 $2^{L-1}<p<2^L$,$512<L<1024$,且 L 为 64 的倍数,即 bit 长度在 512 到 1024 之间,长度增量为 64 bit。$q|(p-1)$,其中 $2^{159}<q<2^{160}$,$g=h^{(p-1)/q} \bmod p$,其中 h 是一整数,$1<h<(p-1)$。用户私钥 x 为随机或伪随机整数,其中 $0<x<q$,公钥为 $y=g^x \bmod p$。

签名:

对明文 $m\in(1,q)$,签名者任选一整数 k 满足 $(k,q)=1$。

首先选取一个随机整数 $k(1\leqslant k\leqslant p-2)$,$k$ 与 $p-1$ 互素,计算

$r=(g^k \bmod p) \bmod q$

$s=k^{-1}(H(m)+xr) \bmod q$

其中 $kk^{-1} \bmod q\equiv 1$,(r,s) 为对消息 m 的数字签名。

验证:

计算 $w=s^{-1} \bmod q$

$u_1=H(m)w \bmod q$,$u_2=rw \bmod q$

$v=[(g^{u_1}y^{u_2}) \bmod p] \bmod q$

检验 $v=r$ 是否成立。

SHA-1 在 DSA 中的使用如图 10-2 所示。

用 DSS 签名的例子:

取 $q=101$,$p=78*q+1=7879$,3 为 GF(7879)的一个本原元,取 $g=3^{78} \bmod 7879=170$ 为模 p 的 q 次单位根,假设 $a=75$,那么 $y=g^a \bmod 7879=4567$。签名者对消息 $m=1234$ 签名:

签名者选择随机数 $k=50$,得 $k^{-1} \bmod 101=99$

计算签名:

$r=(170^{50}(\bmod 7879))(\bmod 101)=2518(\bmod 101)=94$

$s=(1234+75*94)^{99}(\bmod 101)=97$

签名为 1234 94 97

验证:

$w=(97^{-1})\bmod 101=25$,

$u_1=1234*25(\bmod 101)=45$,$u_2=94*25(\bmod 101)=27$

$(170^{45}*4567^{27}(\bmod 7879))(\bmod 101)=2518(\bmod 101)=94$

因此该签名是有效的。

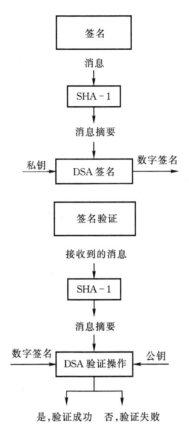

图 10-2　在 DSA 中使用 SHA

10.3　椭圆曲线数字签名算法 ECDSA

10.3.1　ECDSA 简介

DSA 算法在美国政府 FIPS 被称为数字签名标准(Digital Signature Standard DSS)。其安全性基于素数阶子群上的离散对数问题 DLP 的计算复杂性。ECDLP 的计算复杂性显著高于 DLP,具有每比特最高的安全强度,使用较小的参数就能达到和 DLP 相当甚至更高的安全水平。因此,ECDLP 在速度和密钥规模方面占有很大优势,特别是在处理能力、存储空间、带宽和能源受限的应用环境中,其优势更加明显。

ECDSA(Elliptic Curve Digital Signature Algorithm)是 DSA 算法在椭圆曲线上的模拟。1992 年,作为 NIST 所征集的 DSS 候选算法之一,Scott Vanstone 提出了 ECDSA 算法。后来被各标准化组织广泛接受,1998 年被 ISO 作为 ISO 14888-3 标准,1999 年被 ANSI 作为 ANSI X9.62 标准,2000 年被 IEEE 作为 IEEE1363-2000 标准,同年被 FIPS 作为 FIPS 186-2 标准,目前 ISO 的其它组织也正在考虑将 ECDSA 作为其标准。显然,ECDSA 作为椭圆曲线标准算法的地位已不可动摇。

以下对椭圆曲线的描述按照 SECG 的 SEC1 的规定。所选择的椭圆曲线由域参数 $T=(p,a,b,G,n,h)$ 定义。

10.3.2　ECDSA 算法描述

1. 方案建立

U 为签名方,V 为验证方:

(1) U 建立椭圆曲线域参数 $T=(p,a,b,G,n,h)$,选择适当的安全强度;

(2) U 建立自己的密钥对 (d_U,Q_U),$Q_U=d_UG$;

(3) U 选择一个 $Hash$ 函数;

(4) U 通过可靠的方式将所选择的 $Hash$ 函数和建立的椭圆曲线域参数 T 传递给 V。

2. 签名算法

(1) 选择临时密钥对 (k,R),其中 $R=kG=(x_R,y_R)$ 和域参数 T 相关。

(2) 令 $r=x_R(\bmod n)$,如果 $r=0$,返回 1。

(3) 计算待签消息的 hash 值 $H=Hash(M)$,将 H 转换成整数 e。

(4) 计算 $s=k^{-1}(e+rd_U)(\bmod n)$,如果 $s=0$,返回 1。

(5) 输出 $S=(r,s)$ 为数字签名。

3. 验证算法

验证方 V 验证从签名方 U 发来的数字签名是否正确,从而判断接收到的消息是否真实,或者对方是否为真实的实体。

(1) 如果 $r,s\notin[1,n-1]$,验证失败。

(2) 计算待签消息的 hash 值 $H=Hash(M)$,将 H 转换成整数 e

(3) 计算 $u_1=es^{-1}(\bmod n)$,$u_2=rs^{-1}(\bmod n)$

(4) 计算 $R=(x_R,y_R)=u_1G+u_2Q_U$,如果 $R=O$,验证失败。

(5) 令 $v=x_R(\bmod n)$,如果 $v=r$,验证成功,否则验证失败。

若 n 为模乘运算的数据规模,一次模乘运算的复杂度为 $O(n^2 \log n)$。签名算法中作了 1 次点积,1 次模逆,2 次模乘,1 次模逆的运算量约相当于 9 次模乘,则总的运算量为 $(\log n + 11)n^2$。验证算法中作了 2 次点积,1 次模逆,2 次模乘,总的运算量为 $(2\log n + 11)n^2$。显然,验证算法比签名算法更复杂。

攻击者要伪造签名,必须确定一对 (r, s),使得验证方程 $R = (x_R, y_R) = u_1 G + u_2 Q_U = es^{-1}G + rs^{-1}Q_U$ 成立。如果攻击者先确定一个 r,则 R 相应地也被确定,验证方程可变形为 $sR = eG + rQ_U$,要求解 s 属于典型的 ECDLP。

ECDSA 是一个带有附加消息的签名算法,在实现过程中进行各种安全检测,就能使它抵抗目前已知的各种攻击,包括一些特别的选择明文攻击。以下是一些已知的攻击:

对 ECDLP 的攻击。ECDSA 算法的安全性基于 ECDLP 问题的困难性。如果一种攻击能够从签名者 U 的公钥恢复出私钥,攻击者就可以伪造出 U 对任何消息的数字签名。根据目前要求,基点的阶为大素数时,素数域上的 ECDLP 是不可解的。

对密钥生成的攻击。在密钥生成过程中用到了秘密随机或伪随机数,不安全的随机或伪随机数生成器会是导致密码被攻破的直接原因。为避免这种攻击,对随机数应该进行有效性检验。

对哈希函数的攻击。ECDSA 的签名和验证阶段所使用的哈希函数必须具备单向和抗冲突的特性。如果哈希函数不能抵抗冲突,攻击者可能会发现消息 $(M1; M2)$ 的碰撞,在 U 对消息 $M1$ 签名后可以伪造出对消息 $M2$ 的签名。目前的标准采用的哈希算法为 SHA-1,该算法满足这种特性。

基于无效域参数和无效公钥的攻击。ECDSA 的安全性依赖于 U 使用的有效域参数,无效的域参数对 Pohlig-Hellman 攻击不免疫。U 应该确保所采用的域参数是有效的。V 在验证之前也应该检验这些参数的有效性。

10.3.3　ECDSA 中的阈下信道

密码协议中的阈下信道是指被用来传输秘密消息的各种编码体制和密码协议中所采用的数学结构。密码协议中的阈下信道主要存在于数字签名和认证协议中。签名者(发送方)可以将秘密信息隐藏在数字签名之中,验证者(接收方)通过事先约定的某种协议或参数恢复出阈下信息,这种秘密通信方式很难被第三方检测到。这种方式和一般的加密传输相比较具有更高的安全性。

如果签名中的附加数据量为 α bit,其中 β bit 用来保证签名的安全性,理论上最大可以传递 $\alpha - \beta$ bit 的阈下信息,利用了全部或几乎全部 $\alpha - \beta$ bit 的附加数据的阈下信道为宽带阈下信道,只利用了一小部分的为窄带阈下信道。恢复阈下信息时需要签名者密钥的方式定义为方式Ⅰ,不需要的定义为方式Ⅱ。在方式Ⅰ中,签名者的密钥同时也是该阈下信道的恢复密钥。

在 ECDSA 中,由于 $s \equiv k^{-1}(e+rd_U) \pmod n$,可得 $k \equiv s^{-1}(e+rd_U) \pmod n$,$(r,s)$ 和 e 为签名,对于 V 来说,只要事先知道签名者 U 的私钥 d_U 就可以恢复出 k 来。于是以 k 作为阈下信息,可以实现方式 Ⅰ 的阈下信道。在执行数字签名协议时,补充以下步骤,就能设计出阈下通信协议:

信道建立

U 为发送方,V 为接收方:

(1) U 执行方案建立协议。建立参数 $T,(d_U,Q_U),Hash$。

(2) U 将私钥 d_U 秘密传输给 V。

阈下信息隐藏

(1) U 对秘密消息编码,得到一整数 k。

(2) U 建立临时密钥对 (k,R),其中 $R=kG=(x_R,y_R)$ 和域参数 T 相关。

(3) U 执行以上签名算法。

阈下信息恢复

(1) V 执行验证协议。

(2) V 计算 $k \equiv s^{-1}(e+rd_U) \pmod n$,恢复阈下信息。

(3) V 对 k 解码恢复原始的秘密信息。

ECDSA 算法中的签名附加数据量为 $(\log n+\log p)$ bit,而阈下信息 k 为 $\log n$ bit,该信道是一种宽带信道。按照目前对椭圆曲线参数的安全要求,通过这个信道可传输 192 bit 以上的阈下信息。

10.3.4 ECDSA 算法的变形

Yen. S. M 和 Laih. C. S 在 1995 年提出了改进的 DSA 算法,借鉴其思想,对 ECDSA 算法的签名和验证分别作了改进。

1. ECDSA 算法的变形 1

签名算法

(1) 选择临时密钥对 (k,R),其中 $R=kG=(x_R,y_R)$ 和域参数 T 相关。

(2) 令 $r=x_R \pmod n$,如果 $r=0$,返回(1)。

(3) 计算待签名消息的 hash 值 $H=Hash(M)$,将 H 转换成整数 e。

(4) 计算 $s \equiv d_U^{-1}(rk-e) \pmod n$,如果 $s=0$,返回(1)。

(5) 输出 $S=(r,s)$ 为数字签名。

验证算法

(1) 如果 $r,s \notin [1,n-1]$,验证失败。

(2) 计算待签消息的 hash 值 $H=Hash(M)$,将 H 转换成整数 e。

(3) 计算 $u_1\equiv er^{-1}(\bmod\ n)$,$u_2\equiv sr^{-1}(\bmod\ n)$。

(4) 计算 $R=(x_R,y_R)=u_1G+u_2Q_U$,如果 $R=O$,验证失败。

(5) 令 $v=x_R(\bmod\ n)$,如果 $v=r$,验证成功,否则验证失败。

这个改进方案中,可以预计算 d_U^{-1},将计算结果存储下来作为签名参数,在每次签名时模乘 d_U^{-1} 即可,于是模逆转化为模乘,运算量将减小。

攻击者要伪造签名,必须确定一对 (r,s),使得验证方程 $R=(x_R,y_R)=u_1G+u_2Q_U=er^{-1}G+sr^{-1}Q_U$ 成立。如果攻击者先确定一个 r,则 R 相应地也被确定,验证方程可变形为 $sQ_U=rR-eG$,要求解 s 的难度和原算法完全相同。

本方案适合于签名者运算能力较弱的场合,比如签名用户持存有私钥的 Smart Card 在一个终端设备上签名的情况。

2. ECDSA 算法的变形 2

签名算法

(1) 选择临时密钥对 (k,R),其中 $R=kG=(x_R,y_R)$ 和域参数 T 相关;

(2) 令 $r=x_R(\bmod\ n)$,如果 $r=0$,返回(1);

(3) 计算待签名消息的 hash 值 $H=Hash(M)$,将 H 转换成整数 e;

(4) 计算 $s\equiv k(e+rd_U)^{-1}(\bmod\ n)$,如果 $s=0$,返回(1);

(5) $S=(r,s)$ 作为数字签名。

验证算法

(1) 如果 $r,s\notin[1,n-1]$,验证失败;

(2) 计算待签名消息的 hash 值 $H=Hash(M)$,将 H 转换成整数 e;

(3) 计算 $u_1\equiv es(\bmod\ n)$,$u_2\equiv rs(\bmod\ n)$;

(4) 计算 $R=(x_R,y_R)=u_1G+u_2Q_U$,

如果 $R=O$,验证失败。

(5) 令 $v=x_R(\bmod\ n)$,

如果 $v=r$,验证成功,否则验证失败。

攻击者要伪造签名,也必须确定一对 (r,s),使得验证方程 $R=(x_R,y_R)=u_1G+u_2Q_U=esG+rsQ_U$ 成立。如果攻击者先确定一个 r,则 R 相应地也被确定,验证方程可变形为 $s^{-1}R=eG+rQ_U$,要求解 s 的难度和原算法完全相同。

本方案适用于验证者计算能力较弱的场合。

在这两种算法中,在共享签名者私钥的情况下,验证者通过对签名方程作逆变换可以重构出 k,所以改进方案仍然继承了 ECDSA 算法中的宽带阈下信道。

10.4　盲签名

10.4.1　盲签名的原理

一般的数字签名中,签名者知道所签消息的内容,而盲数字签名是一类特殊的数字签名,用户 A 发送消息 m 给签名者 B,要求 B 对消息签名,又不让 B 知道消息的内容,即签名者 B 所签的消息是经过加密盲化的,由签名者 B 的公钥和盲签名可以验证签名的正确性。盲签名是由 D. Chaum[1983]最先提出的,在电子投票和数字货币协议中有广泛的应用。盲签名具有以下两个特征:

(1) 消息的内容对签名者保密。

(2) 签名者后来看到签名时不能与盲消息对应起来。

用户可以用盲签名 S(M′)来检验签名者的身份,任何第三者都可以验证。如:签名者为网络服务中心,用户可以用该中心的盲签名来向第三者证明他得到了服务中心的许可。

使用盲签名技术,用户可以让签名者签任何他想要的消息,包括对签名者不利的和带有欺骗性的消息。采用分割-选择技术,可使签名者知道他所签的消息,但仍可保留盲签名的有用特征。盲签名的原理如图 10-3 所示。

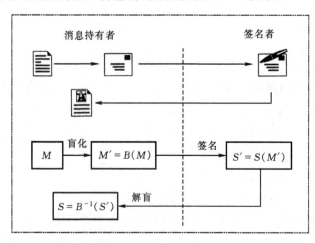

图 10-3　盲签名的原理示意图

盲签名协议:

设签名者的私钥为 k,公钥为 p,待签名的消息为 M,盲化因子为 t,盲化函数

为 $B(\cdot,\cdot)$,签名函数为 $S(\cdot)$,解盲函数为 $B^{-1}(\cdot,\cdot)$,验证函数为 $V(\cdot,\cdot)$,双方执行如下协议:

Step1:发送方将消息盲化,得盲消息 $M'=B(M,t)$,送 M' 给签名者;

Step2:签名者对盲消息 M' 签名,得盲签名 $S'=S(M',k)$,送 S' 给发送方;

Step3:发送方对盲签名解盲,得到对原始消息的签名 $S=B^{-1}(S',t)$;

Step4:通过 $V(M,S,P)$ 验证所得到的签名是否正确。

在第 4 步中,任何人都可以验证签名是否正确。消息发送方可以验证所得到的是不是来自签名方的正确签名,其他人也可以验证消息发送方所持有的签名是否来自于真实的签名者。

部分盲签名:

部分盲签名指待签名的消息是由消息的发送方和签名方共同生成的。签名方在签名之前可以在得到的消息中加入自己的信息,对新的待签名消息进行盲签名。发送方在解盲后也无法知道签名方加入的内容。

部分盲签名应用在电子现金协议中可以提高其有效性和实用性。签名方可以在待签名的数字现金或支票中加入自己的身份信息,可以解决应用中的某些问题,并且在发生争议时能够有效地进行仲裁。

10.4.2　盲签名算法

盲签名算法的关键是要设计出具体的盲化函数,该函数必须是可逆的,且对于某一种特定运算满足交换律,满足这些要求的函数很多,如指数函数。D. Chaum[1985]提出了第一个盲签名方案,该方案基于 RSA 密码体制。参数设定同 RSA 密码体制。

1. 基于 RSA 的盲签名

消息盲化　　　$M' \equiv Mt^e \bmod n$

盲签名　　　　$S' \equiv (M')^d \bmod n \equiv tM^d \bmod n$

解盲　　　　　$S = S'/t \equiv M^d \bmod n$

该签名方案步骤简明,需要的数据个数少,但为保证安全性,所带来的庞大的数据计算,在实际应用中,将需要大量的时间开销和空间开销。该方案的安全性基于 RSA 密码体制的安全性,数据长度通常需要 1024 bit。运算量约为 2^{30} 级。除了以上盲签名方案外,目前已提出多种盲签名方案。主要基于离散对数、二次剩余、椭圆曲线离散对数等公钥密码常用的复杂性问题。

2. 基于椭圆曲线的盲签名方案

对于有限域 Fp 上的椭圆曲线 $E:y^2 = x^3 + ax + b(a,b \in GF(p)), 4a^3 + 27b^2 \neq$

$0),P\in E(GF(p))$是一个公开基点,$l=\text{ord}\,(P)$是公共基点的阶。

盲化过程:

选择随机数 $r\in\{1,\cdots,l-1\}$,对待签消息 m 编码得点 $P(m)=(m_x,m_y)\in E(GF(p))$,输出盲消息 $b(r,m)\equiv rm_y \bmod l$。

在已知盲因子 r 的情况下,可以由盲消息 $b(r,m)$ 恢复出 $P(m)$,解码得到 m。

密钥生成: 签名者选择整数 s 为其私钥,计算 $P_A=sP$ 为公钥。

签名生成:

step 1:用户 A 选择随机数 $r\in\{1,\cdots,l-1\}$ 作为盲因子,将消息 m 盲化

计算 $r^{-1},r\,r^{-1}\equiv1\bmod l,m'=b(r,m),R''=r^{-1}P$

送 m',R' 给 B。

step 2:签名者 B 选择随机数 $k\in\{1,\cdots,l-1\}$,计算 $R=kR'=(r_x,r_y)$,其中
$$r_x=x(R),r_y=y(R)\text{。 计算 } e'=r_xm',y'=(k+se') \bmod l \tag{1}$$

送 (e',y') 给 A。

step 3:A 计算 $y=r^{-1}y' \bmod l,e=r^{-1}e' \bmod l$。

输出签名 (y,e)。

签名验证:

计算 $R'=yP-eP_A=(r'_x,r'_y)$,检验 $e\equiv r'_x m_y \bmod l$ 是否成立。

对于未知的 r,签名者不能由盲消息恢复出明消息。若由 $b(r,m)=rm_y$ 恢复 m,则必须先确定 r,而由 $R''=r^{-1}P$ 推导 r 是 ECDLP,但如果 r 已知,则可很容易地恢复出 m,这样就可以很方便地采用分割-选择技术。签名者也不能将签名和盲消息联系起来。由 $y=r^{-1}y',e=r^{-1}e'$,签名者确定 r^{-1} 的概率只有 $1/(l-1)$,故签名对于签名者是盲的。

验证时,先确定 y,再确定 e,和先确定 e,再确定 y,都是 EDLP。在(1)中,k 和 s 均未知。所以攻击者要伪造一对签名 (y,e),使等式成立几乎是不可能的。用户 A 已得到一个对合法消息 m 的签名,用非法消息 m_0 代替 $m(m\neq m_0)$,要使 $e_0=e$,则 $r_{x0}\neq r_x$,不能使验证等式成立,故攻击不能成功。

10.4.3 盲签名的主要应用——匿名电子投票

电子投票和普通投票基本相同,惟一的不同之处在于投票者不需亲自到投票所投票,而只是在家中,利用电子网络将选票送到集中的投票地址,以便于统一记票。由于电子网络是一种没有安全属性的媒体,所以电子投票协议既要保证信息传递的安全性,又要保护选民的合法权益。一般的匿名投票需满足以下的安全特性:

(1) 只有合法者才能投票。

（2）一人一票。

（3）除了投票者本身之外，没有其他任何人可以知道个人选票的内容，（亦即匿名选举）。

（4）无法由开出选票上的记号追踪到投票人。

（5）每位投票者能验证，所投的选票被正确的记算在最后的结果之内。

为了满足上述特性（1）和（2），在一般选举中，都有所谓的选举人登记手续。根据选举人名册，选举人持身份证明文件以领取一张盖上合法戳记的选票。选举人再持合法选票到隐密的房间圈选，再将之投入统一的票箱，这是匿名投票的手续，满足特性（3）。由于选票的印制及开票的过程都是在值得信赖的公证监察人监督之下作业，所以满足特性（4）及（5）。

试想所有投票人若分散各地，无法集中到同一地点登记、投票。此外，公证监察人的做法又行不通时，如何能进行一场公平的选举呢。

David Chaum 在 1981 年提出了解决问题的办法。之后，陆陆续续也有其他的方法提出。在介绍电子投票之前，先谈谈如何利用一般邮政方式，举办一场公平选举。设想所有投票人散居各城市，无法集中在一起投票。假设存在一个选举委员会，由选举委员会公开说明选票的格式。每位投票人再依据该公开格式自行负责印制自己的选票，将印制好的选票装入一个特殊信封内，再将信封口贴上封条，信封上写上该投票人的回邮地址。此特殊信封上某处标示有"选举戳记请盖于此处"的记号。日后一旦盖上选举戳记，由于信封有复印的功能，此戳记也将会出现在选票上。再将这信封装入另一外信封内。外信封上写上选委会的收信地址，寄件人的地址是该投票人。选取委员会收到该文件之后，根据选举人的名册，确认此文件来自于尚未登记的合法投票人。将内信封取出，依照内信封上标示之处盖上选委会戳记。再将此信封依信封上的回邮地址寄回给投票人。投票人收到盖上戳记的文件后，先检查信封上的封条，以确定信封内的选票并未被他人做上记号。再将选票从信封取出，检查选票上是否有合法戳记。如此，投票人就完成了通信登记步骤。

投票人在合法的选票上自行圈选。在圈选时可以自行做上记号，例如，利用不同颜色的笔，再将此圈选过的选票，放入一个信封内，该信封不写寄往开票中心的地址。如此完成了匿名投票步骤。

开票中心在收到选票后，先检查选票上是否有合法戳记，再统计结果。开票中心最后将统计结果与所有选票一同公开陈列。

上面的方法中，选票是由各投票人自行印制的。其目的是防止选委会在每张合法选票上做上记号。如此一来，日后从开出的选票上的记号，可以追踪到投票人。另外，利用一般邮政系统中，只需写上收信人地址的特性，达到匿名投票的目的。

　　将上述方法转换成电子投票过程,需要设计出对应的通信协议,以满足安全的特性需要。假设选委会依据 RSA 方法,选定 p,q,d 是秘密密钥,而 e 及 n 是公钥。

　　参数设置:

　　　　选定 p,q 为大素数,计算 $n=pq$

　　　　选取秘密密钥 d,要求 $\gcd(d,\varphi(n))=1$

　　　　计算 e,满足 $de\equiv1\ \text{mod}\ \varphi(n)$

　　e,n 作为公钥公开,其它参数均保密。

　　签名步骤:

　　Setp1:消息持有者选定 M,和随机数 R(盲因子)。

　　计算 $M'=R^eM\ \text{mod}\ n$(盲化),将 M' 送给签名者。

　　Setp2:签名者计算 $S'=M'^d\ \text{mod}\ n$(盲签名),将 S' 送还给消息持有者。

　　Step3:消息持有者计算 $S=R^{-1}S'\ \text{mod}\ n=m^d\ \text{mod}\ n$(解盲)。

　　验证:S 是否是 M 的数字签名,并且满足 $S^e\ \text{mod}\ n\equiv M$。

　　凡获得签名者公钥的人均可验证。(和普通数字签名相同。)

　　分析:

　　在上面的盲签名过程中,由于 R 是投票人任选的随机数,所以选举委员会在签名时,并不知道对应的 M。在公布了 M 及 S 之后,签名者也建立了 (M,S) 与 (M',S') 之间的对应关系。

10.5　代理签名

10.5.1　代理签名的概念

　　在现实世界中,当某人行为能力受限时可以全权或部分委托他人来代表自己行使权力,如委托他人代理自己签署文件,在信息世界中也有同样的技术来满足这种特殊需要。这就是数字签名中的代理签名技术。代理签名是指:签名者可以授权他人代理自己,由被指定的代理签名者代表原始签名者生成有效的签名。1996年,Mambo、Usuda 和 Okamoto 首先提出了代理签名的概念。由于代理签名技术有着重要的用途,因此引起了广大学者的关注,国内外学者已在其概念的界定和实现理论与技术方面取得了许多重要成果,目前对代理签名的研究是数字签名研究领域一个很新的热点课题。一个代理签名系统,至少有这样几个参与者:对他人进行授权的原始签名者,获得授权执行签名的一个或多个代理签名者,对签名进行验证的一个或多个验证者。

　　Mambo、Usuda 和 Okamoto 提出一个代理签名方案应满足如下六条性质:

　　a. **不可伪造性**(unforgeability)指除原始签名者,只有获得授权的代理签名者能够代表原始签名者进行签名。

　　b. **可验证性**(verifiability)指通过代理签名,验证者能够确定被签名的文件已经得到原始签名者的认可。

　　c. **不可否认性**(undeniability)指当代理签名者完成了一个有效的代理签名后,就不能向原始签名者否认他的有效签名。

　　d. **可区分性**(distinguishability)指能够正确地区分代理签名和原始签名者的签名。

　　e. **代理签名者的不符合性**(proxy signer's deviation)指代理签名者必须创建一个能被检测到是代理签名的有效代理签名。

　　f. **可识别性**(identifiability)指原始签名者能够通过代理签名确定代理签名者的身份。

　　一般认为代理签名应满足以下三个最基本的条件:

　　a. 验证者能够像验证原始签名者的签名那样来验证代理签名;

　　b. 能够容易区分代理签名和原始签名;

　　c. 原始签名者对代理签名者所作的代理签名不可否认。

10.5.2　代理签名的分类

　　代理签名目前还没有严格的分类。Mambo、Usuda 和 Okamoto 把代理签名分为三类:完全代理签名、部分代理签名和具有证书的代理签名。

　　完全代理签名(full delegation),原始签名者通过可靠途径直接把自己的签名密钥分发给代理签名者,代理签名者产生的签名与原始签名者所产生的签名完全相同。由于这种签名不具有可区分性,相应地也不具有可识别性和不可否认性,与代理签名基本要求不符,因此不能适用于许多应用场合。

　　部分代理签名(partial delegation),原始签名者用自己的签名密钥生成代理签名密钥 s,然后将代理签名密钥通过可靠途径分发给代理签名者,要求代理签名者不能由自己所获得的代理签名密钥推算出原始签名者的签名密钥。部分代理签名又可分为两种:代理非保护代理签名和代理保护代理签名。**代理非保护代理签名**(proxy-unprotected proxy signature)指除原始签名者,指定的代理签名者能够代替原始签名者产生有效代理签名。但是,没有指定为代理签名者的第三方不能产生有效代理签名。**代理保护代理签名**(proxy-protected proxy signature)只有指定的代理签名者能够代替原始签名者产生有效代理签名。但是,原始签名者和第三方都不能产生有效代理签名。在部分代理签名中,代理签名者以 s 为签名密钥按普通的签名方案产生代理签名,可以使用修改的验证方程来验证代理签名的有效性。因为在验证方程中有原始签名者的公钥,所以验证者能够确信代理签名是经原始签名者授权的。人们根据不同的需要提出了各种各样的部分代理签名。例如,门限代理签名、不可否认代理签名、多重代理签名、具有接收者的代理签名、具有时戳的代理签名和具有证书的部分代理签名,极大地丰富和发展了部分代理签名。

具有证书的代理签名(delegation by warrant)有两种类型:授权代理签名和持票代理签名。**授权代理签名**(delegate proxy)指原始签名者用他的签名密钥使用普通的签名方案签一个文件(称某某为代理签名者),然后,把产生的证书发给代理签名者。**持票代理签名**(bearer proxy)指证书是由消息部分和原始签名者对新产生的公钥的签名组成。原始签名者把新产生的公钥所对应的秘密钥以安全的方式发给代理签名者。

根据不可否认性,代理签名又可分为强代理签名和弱代理签名。强代理签名是指一个代理签名不仅能够代表原始签名者的签名,也能代表代理签名者的签名;而弱代理签名是指一个代理签名只代表原始签名者的签名。

10.5.3 M-U-O代理签名方案

设 p 是一个大素数,q 是 $p-1$ 的一个素因子,$g \in Z_p^*$ 是一个 q 阶生成元。原始签名者的密钥是 $s \in_R Zq$,相应的公钥是 $V = g^s \bmod p$。M-U-O 方案使用如下协议:

(1) 代理密钥的生成:原始签名者随机选择 $k \in_R Zq$,并计算 $K = g^k \bmod p$,$\sigma = s + kK \bmod q$。

(2) 代理密钥的发送:原始签名者将 (σ, K) 通过安全信道发送给代理签名者。

(3) 代理密钥的验证:代理签名者检验等式 $g^k \equiv VK^K \bmod p$ 是否成立。如果该等式成立,则 (σ, K) 是一个有效的代理签名密钥。否则,他拒绝接受该密钥,并要求原始签名者重新给他发送一个新的代理签名密钥,或者停止协议。

(4) 代理签名者的签名:当代理签名者代表原始签名者在文件 m 上签名时,他使用 σ 代替 s 执行普通的签名运算。于是由代理签名者生成的关于 m 的代理签名是 $(m, sign_\sigma(m), K)$,其中 $sign_\sigma(m)$ 表示文件 m 用密钥 σ 所生成的普通签名。

(5) 代理签名的验证:验证者在验证代理签名时首先计算 $V' = VK^K \bmod p$,然后用 V' 代替 V,使用与验证普通签名相同的验证运算就可以验证代理签名的有效性。

该方案已经被李继国,曹珍富,张亦辰证明不安全,并给出了相应的改进。

代理签名是数字签名研究领域一个非常新的研究方向,作为一种新型签名技术已在电子支付系统、移动代理系统、电子投票、电子拍卖、电子商务和网络安全等方面得到广泛的应用。随着代理签名技术的发展,其应用前景将更为广阔。

10.6　Kerberos 认证协议

10.6.1　Kerberos 简介

Internet 上的很多协议本身并不提供安全属性。怀有恶意的"黑客"(hackers)用"sniffer"等工具嗅探口令是非常普遍的事,因此在网络上不经加密就传送口令是很不安全的。许多网站使用防火墙来解决安全问题,但是,防火墙假定攻击都来自外部,但事实常常不是这样,许多攻击事件都是内部人员所为,而且防火墙还有一个缺点就是会对正常的用户使用 Internet 造成一定的限制。

由 MIT(麻省理工学院)开发的 Kerberos 协议就是针对这样的网络安全问题的。Kerberos 协议使用了强密码,以使 client 能够通过一个不安全的 Internet 连接向 server 证明他的身份。在 client 和 server 用 Kerberos 证明了各自的身份后,还可以对数据加密从而保证数据的保密性和完整性。Kerberos 是一个分布式的认证服务,它允许一个进程(或客户)代表一个主体(或用户)向验证者证明他的身份,而不需要通过网络发送那些有可能会被攻击者用来假冒主体身份的数据。Kerberos 还提供了可选的 client 和 server 之间数据通信的完整性和保密性。Kerberos 是在 80 年代中期作为美国 MIT"雅典娜计划"(Project Athena)的一部分被开发的。Kerberos 要被用于其它更广泛的环境时,需要作一些修改以适应新的应用策略和模式,因此,从 1989 年开始设计了新的 Kerberos 第 5 版(Kerberos V5)。尽管 V4 还在被广泛使用,但一般将 V5 作为是 Kerberos 的标准协议。

Kerberos 是古希腊神话中守卫地狱入口的狗,MIT 之所以将其认证协议命名为 Kerberos,是因为他们计划通过认证、清算和审计三个方面来建立完善的完全机制,但目前清算和审计功能的协议还没有实现。

认证是指通过验证发送的数据来判断身份,或验证数据的完整性。主体(principal)是要被验证身份的一方。验证者(verifier)是要确认主体真实身份的一方。数据完整性是确保收到的数据和发送的数据是相同的,即在传输过程中没有经过任何篡改。认证机制根据所提供的确定程度有所不同,根据验证者的数目也有所不同:有些机制支持一个验证者,而另一些则允许多个验证者。另外,有些认证机制支持不可否认性,有些支持第三方认证。认证机制的这些不同点会影响到它们的效能,所以根据具体应用的需求来选择合适的认证方式就非常重要。例如,对电子邮件的认证就需要支持多个验证者和不可否认性,但对时延没有要求。相比之下,性能比较差的机制会导致认证请求频繁的服务器出现问题。

现代的计算机系统一般都是多用户系统,因此它对用户的请求要能够准确地鉴别。在传统的系统中,都是通过检测用户登录时键入的口令来认证身份的,系统通过与记录文件对比从而来判定提供什么类型的服务。这种验证用户身份的操作称为认证。基于口令的身份认证是不适于计算机网络的。窃听很容易窃取到通过网络传输的口令,随后就可以用口令假冒合法用户登录。尽管这种缺陷早就被人们认识到了,但直到在 Internet 上造成了很大的危害才被引起重视。当使用基于密码学的认证时,攻击者通过网络窃听不到任何能使他假冒身份的信息。Kerberos 就是这种应用的一个最典型的例子。Kerberos 提供了在开放的网络上验证主体(如工作站用户或网络服务器)身份的一种方式。它是建立在所有的数据包可以被随意地读取、修改和插入的假设之下的。Kerberos 提供在这种环境下通过传统密码(共享密钥)实现的可信第三方认证。

10.6.2　Kerberos 概况

1. 应用环境假定

Kerberos 协议的基本应用环境是,在一个分布式的 client/server 体系结构中采用一个或多个 Kerberos 服务器提供鉴别服务。Client 想请求应用服务器 Server 上的资源,首先 Client 向 Kerberos 认证服务器请求一张身份证明,然后将身份证明交给 Server 进行验证,Server 在验证通过后,即为 Client 分配请求的资源。其基本应用如图 10-4 所示。

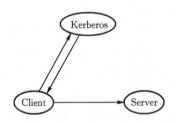

图 10-4　Kerberos 的基本应用

Kerberos 协议本身并不是无限安全的,而且也不能自动地提供安全,它是建立在一些假定之上的,只有在满足这些假定的环境中它才能正常运行。

(1) 不存在拒绝服务(Denial of service)攻击。Kerberos 不能解决拒绝服务攻击,在该协议的很多环节中,攻击者都可以阻断正常的认证步骤。这类攻击只能由管理员和用户来检测和解决。

(2) 主体必须保证他们的私钥的安全。如果一个入侵者通过某种方法窃取了主体的私钥,他就能冒充主体身份。

(3) Kerberos 无法应付口令猜测(Password guessing)攻击。如果一个用户选择了弱口令,那么攻击者就有可能成功地用口令字典破解掉用户口令,继而获得那些源自于用户口令加密(由用户口令形成的加密链)的所有消息。

(4) 网络上每个主机的时钟必须是松散同步的(loosely synchronized)。这种同步可以减少应用服务器进行重放攻击检测时所记录的数据。松散程度可以以一个服务器为准进行配置。时钟同步协议必须保证自身的安全,才能保证时钟在网上同步。

(5) 主体的标识不能频繁地循环使用。由于访问控制的典型模式是使用访问控制列表(ACL)来对主体进行授权。如果一个旧的 ACL 还保存着已被删除主体的入口,那么攻击者可以重新使用这些被删除的用户标识,就会获得旧 ACL 中所说明的访问权限。

2. Kerberos 中的术语

Kerberos 协议的描述中定义了许多术语,比较重要的有如下几个:

主体(principal):参与网络通信的实体,是具有惟一标识的客户或服务器。

认证(authentication):验证一个主体所宣称的身份是否真实。

认证头(authentication Header):是一个数据记录,包括票据和提交给服务器的认证码。

认证路径(authentication Path):跨域认证时,所经过的中间域的序列。

认证码(authenticator):是一个数据记录,其中包含一些最近产生的信息,产生这些信息需要用到客户端和服务器之间共享的会话密钥。

票据(ticket):Kerberos 协议中用来记录信息、密钥等的数据结构,client 用它向 server 证明身份,包括了 client 身份标识、会话密钥、时间戳和其它信息。所有内容都用 server 的密钥加密。

会话密钥(session key):两个主体之间使用的一个临时加密密钥,只在一次会话中使用,会话结束即作废。

密钥分发中心 KDC(key distribution center):负责发行票据和会话密钥的可信网络服务中心。KDC 同时为初始票据和票据授予票据 TGT 请求提供服务。

Kerberos 协议中共涉及到三个服务器,包括认证服务器(AS),票据授予服务器(TGS)和应用服务器。其中 AS 和 TGS 两个服务器为认证提供服务,应用服务器则是为用户提供最终请求的资源,在 Kerberos 协议中扮演验证者的角色。

3. Kerberos 的子协议组成

基本 Kerberos 认证协议描述如下:一个 client 发送一个请求给认证服务器(AS)请求一个对给定服务器的"身份证明"。AS 返回用用户密钥加密的身份证明。这个身份证明由给服务器的票据和一个临时加密密钥(通称为会话密钥)组成。client 将此票据(包括 clinet 的标识、会话密钥,用户服务器密钥) 加密传输给服务器。会话密钥(现在由 client 和 server 共享)用来认证 client,也可以选择性地认证 server,也可以用来加密双方间将要进行的通信,或交换通信阶段所使用的子会话密钥。

Kerberos 协议由几个子协议(或交换)组成。client 有两种向 Kerberos 服务器请求"身份证明"的基本方式。第一种方式:client 向 AS 发送向某一个特定应用服务器请求资源的明文请求,AS 的回复用 client 的密钥加密,不过,通常发出这种请求后,AS 不会直接为 client 颁发一个可用于应用服务器的票据,而是颁发一个在后来要交给票据授予服务器 TGS 的票据授予票据(TGT)。第二种方式:client 向 TGS 发送一个请求,client 用 TGT 向 TGS 用同样的方式证明自己,用 TGT 中的会话密钥加密。尽管协议规范中将 AS 和 TGS 作为独立的服务器来描述,但在实现时可用同一台 Kerberos 服务器执行不同的协议来完成。一旦获得"身份证明",在传输过程中"身份证明"就可以用来证明主体的身份,确保他们之间信息交换的完整性,或保护所传输信息的机密性。

在进行传输时,为了验证主体身份的真实性,client 将票据传给应用服务器。因为票据的传输是透明的(部分信息作了加密,但这种加密不能防止重放攻击),所以票据有可能被攻击者截获然后重放,为应付这种威胁,可以发送一些附加信息,以证明消息来自被授予票据的真实主体。这些附加信息(认证码,Authenticator)是用会话密钥加密的,其中还包括了时间戳。用时间戳能够证明消息是最新才生成的,而不是被重放的。用户用会话密钥加密认证码,以此来证明这个认证码由拥有会话密钥的一方生成,因为除了发出请求的主体和服务器外没有人知道会话密钥(它从不会在未加密的网络上传输),这就保证了主体身份的真实性。

主体之间信息交换的完整性,也可以通过包含在票据和"身份证明"中的会话密钥来保证,同时,这种方法既能防止重放攻击又能防止对信息流的修改。可以再为 client 的消息生成一个消息摘要,用会话密钥进行加密并传送。

以上描述的认证交换需要对 Kerberos 数据库进行只读控制,但当出现增加新的主体或改变主体密钥时,数据库的入口就必须得修改。这种操作可以通过 client 和一个第三方 Kerberos 服务器——Kerberos 管理服务器(KADM)之间的协议来完成。另外还有一个协议是用户维护 Kerberos 数据库的备份的。

4. Kerberos 中的票据(ticket)

client 和 server 在最初并没有共享加密密钥。每当一个 client 向一个新的验证者证明自己时,总是依赖于认证服务器生成的并安全地分发给双方的一个新加密密钥。这个新的加密密钥称为会话密钥,Kerberos 票据就是用来向验证者分发会话密钥的。

　　Kerberos 票据是由认证服务器发行、被服务器密钥加密的证书。票据还包括了这样一些信息,主体将用来向验证者证明用的会话密钥,会话密钥发行的主体的名称,会话密钥的有效期限。票据并没有直接送给验证者,但却送给了 client,由他再作为应用请求(application request)的一部分发送给验证者。由于票据被服务器密钥加密,只有认证服务器和合法的验证者才知道该密钥,因此 client 无法篡改票据的内容。

　　(1) 票据的语法

　　票据包含如下信息:

Ticket::=〔APPLICATION 1〕SEQUENCE {

　　　　　　tkt-vno　　　　　　　　〔0〕INTEGER (5),

　　　　　　realm　　　　　　　　　〔1〕Realm,

　　　　　　sname　　　　　　　　　〔2〕PrincipalName,

　　　　　　enc-part　　　　　　　　〔3〕EncryptedData －－ EncTicketPart

　　　　　　}

　　票据的加密部分:

EncTicketPart::=〔APPLICATION 3〕SEQUENCE {

　　　　　　flags　　　　　　　　　　〔0〕TicketFlags,

　　　　　　key　　　　　　　　　　　〔1〕EncryptionKey,

　　　　　　crealm　　　　　　　　　〔2〕Realm,

　　　　　　cname　　　　　　　　　〔3〕PrincipalName,

　　　　　　transited　　　　　　　　〔4〕TransitedEncoding,

　　　　　　authtime　　　　　　　　〔5〕KerberosTime,

　　　　　　starttime　　　　　　　　〔6〕KerberosTime OPTIONAL,

　　　　　　endtime　　　　　　　　　〔7〕KerberosTime,

　　　　　　renew-till　　　　　　　　〔8〕KerberosTime OPTIONAL,

　　　　　　caddr　　　　　　　　　　〔9〕HostAddresses OPTIONAL,

　　　　　　authorization-data　　　　〔10〕AuthorizationData OPTIONAL

　　　　　　}

tkt-vno:票据格式的版本号。

Realm:票据的发行域,也用来标识服务器主体标识的域。

Sname:服务器标识的所有内容。

enc-part:加密部分。

编码传输域:

TransitedEncoding::= SEQUENCE {

```
tr-type         [0] Int32 —— must be registered ——,
contents        [1] OCTET STRING
    }
```

（2）Kerberos 票据标志及其使用

在每个 Kerberos 票据中，包含一系列用以指定票据属性的标志。根据当前对认证服务器的请求和客户端获得票据的方式，Kerberos 服务器可以自动地设置标志位。

标志位的结构：

TicketFlags ::= KerberosFlags

—— reserved(0),

—— forwardable(1),

—— forwarded(2),

—— proxiable(3),

—— proxy(4),

—— may-postdate(5),

—— postdated(6),

—— invalid(7),

—— renewable(8),

—— initial(9),

—— pre-authent(10),

—— hw-authent(11),

—— transited-policy-checked(12),

—— ok-as-delegate(13)

标志位的描述及应用：

初始化标志：指出该票据是由一个 AS 发出的，且不是票据授予票据 TGT。通过验证初始化标志位，资源服务器可以确认客户端是从认证服务器收到的密钥。

认证前标志：Per-Authent 和 Hw-Authent 标志位提供了关于初始认证的附加信息，而不管是直接发出的票据还是票据授予票据。

无效标志：表示票据是无效的，AS 通常会对过期的票据设置这个标志位，应用服务器会拒绝设置该标志位的票据的请求。

更新标志：设置该标志位可增强安全性，可以避免有效期设置过长，使得票据应用时间太长而带来风险，或者有效期设置过短，更新票据时频繁读取密钥而带来风险。有两个票据有效期限。第一个期限表示票据过期时间，第二个期限代表最晚期限的允许值。在当前票据过期之前，客户端会定期向 KDC 发送更新请求，

KDC 会设置票据的更新(Renew)选项,返回一个有会话密钥的新票据和一个更晚的期限。

延期标志:标志该票据是延期的,只有在应用系统激活票据时,认证服务器再通过附加请求使当前的票据合法化。应用服务器通过检查认证时间域来确定原始认证的发生时间,只有服务器能解释票据中的 May-Postdate 标志位。

可代理和代理标志:主体通过授予服务代理权限,让服务以主体的身份发送请求。只有认证服务器可以解释票据中的 Proxiable 标志位,应用服务器可以忽略。认证服务器在发送代理票据时,要设置该票据的 Proxy 标志位,TGS 能够通过该标志位判断出该票据是代理的。

可前趋和前趋标志:可前趋标志位只有 TGS 可以识别,应用服务器可以忽略,设置可前趋标志后,TGS 认为可以发行一张基于当前票据但网址不同的 TGT。

10.6.3　Kerberos 的工作过程

在 Kerberos 认证系统中使用了一系列加密的消息,提供了一种认证方式,使得正在运行的 client 能够代表一个特定的用户来向验证者证明身份。Kerberos 协议的部分是基于 Needham and Schroeder 提出的认证协议的,但针对它所应用的环境作了一些修改。主要包括:使用了时间戳(timestamps)来减少需要作基本认证的消息数目,增加了票据授予(ticket-granting)服务使得不用重新输入主体的口令就能支持后面的认证,用不同的方式实现域间的认证。

1. 认证请求和响应

client 和每个验证者之间都需要一个独立票据的会话密钥,并用它进行通信。当 client 要和一个特定的验证者建立联系时,使用认证请求和响应,图 10-5 中为消息 1 和 2,从认证服务器获得一个票据和会话密钥。在请求中,client 给认证服务器发送它的身份、验证者名称、票据的有效期限和一个用来匹配请求与响应的随机数。

在响应中,认证服务器返回会话密钥、指定的有效时间、请求时所发的随机数、验证者名称和票据的其它信息,所有内容均用用户在认证服务器上注册的口令作为密钥来加密,再附上包含相同内容的票据,这个票据将作为应用请求的一部分发送给验证者。认证请求与响应、应用请求与响应共同构成了基本的 Kerberos 认证协议。

2. 应用请求和响应

图 10-5 中的消息 3 和 4 表示应用请求和响应(application request and response),这是 Kerberos 协议中最基本的消息交换,client 就是通过这种消息交换

向验证方证明他知道嵌在 Kerberos 票据中的会话密钥。应用请求分为两部分,票据和认证码。认证码包括这样一些域:当前时间、校验和、可选加密密钥等域,所有的域均被票据中附带的加密密钥加密。

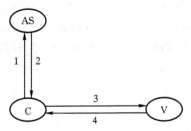

1. as-req: c, v, $time_{exp}$, n
2. as-req: $\{K_{c,v}, v, time_{exp}, n, \cdots\}K_c, \{T_{c,v}\}K_v$
3. tgs-req: $\{ts, \cdots\}$
4. ap-req: $\{ts\}K_{c,v}$(optional)
   $T_{c,v} = K_{c,v}, c, time_{exp} \cdots$

图 10 - 5　基本 Kerberos 认证协议

在收到应用请求之后,验证者解密票据,从中提取出会话密钥,再用会话密钥解密认证码。如果加密和解密认证码使用的是相同的密钥,校验和检验就可以通过,验证者就可以假设认证码是按照票据上所写的主体名称生成的,会话密钥也是为该主体发行的。其实仅仅这样还不可靠,因为攻击者可以拦截并重放一个合法的认证码来冒充用户。因此,验证者还必须检验时间戳来确保认证码是最新的。如果时间戳在指定的范围内,通常是验证者时钟的前后 5 分钟内,验证者可认为这个请求可信而接受。此时,服务器就已经证实的 client 的身份。在有些应用中,client 同样想验证服务器的身份,如果需要这种相互认证,server 就通过提供认证码中的 client 的时间,生成一个应用响应,和其它信息一起用会话密钥加密传给 client。

3. 获得附加票据

在基本 Kerberos 认证协议中,允许一个知道用户口令知识的 client 获得一张票据和会话密钥,向在认证服务器上注册过的任何验证者证明身份,当用户每次和新的验证者进行认证时都要提交口令,这非常麻烦。应该让用户只是在第一次登录系统时提供口令,后续的认证自动来完成。支持这种方式的最简单方法就是在工作站上建立一个缓存来存储用户的口令,但这是很危险的,尽管 Kerberos 票据和相关的密钥只在很短的时间内有效,但是可以用用户口令来获取票据,只要口令不改变,假冒就一直能成功。一种较好的方法,也是 Kerberos 所使用的,就是只缓存票据和加密密钥(合称为身份证明),使其在一段时期内有效。

　　Kerberos 协议中的票据授予交换(ticket granting exchange)允许用户使用这样的短期有效的身份证明来获得票据和加密密钥,而不用重新输入口令。用户第一次登录时,发出一个认证请求,认证服务器就返回一个票据和用于票据授予服务的会话密钥。这个票据称为票据授予票据(ticket granting ticket),生命周期较短(典型的是 8 小时)。这个响应解密后,票据和会话密钥保存下来,用户口令就可以被抛弃了。

　　随后,当用户想向新的验证者证明他的身份时,用票据授予交换向认证服务器请求一张新的票据。票据授予交换和认证交换基本相同,除票据授予请求嵌入了一个应用请求,向认证服务器证明用户,票据授予响应应用从票据授予票据中取得的会话密钥而不是用用户口令加密。

　　图 10-6 表示了完整的 Kerberos 认证协议。只有用户在第一次登录时才用消息 1 和 2,用户每次和新的验证者进行验证时都要用消息 3 和 4,用户每次证明自己时用消息 5,消息 6 是可选的,只有当用户要求和验证者相互认证时使用。

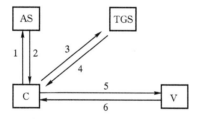

1. as-req: c, tgs, $time_{exp}$, n
2. as-req: $\{K_{c,tgs}, tgs, time_{exp}, n, \cdots\}K_c, \{T_{c,tgs}\}K_{tgs}$
3. tgs-req: $\{ts, \cdots\}K_{c,tgs}\{T_{c,tgs}\}K_{tgs}, v, time_{exp}, n$
4. tgs-req: $\{K_{c,v}, v, time_{exp}, n, \cdots\}K_{c,tgs}, \{T_{c,v}\}K_v$
5. ap-req: $\{ts, ck, K_{subsession}, \cdots\}K_{c,v}\{T_{c,v}\}K_v$
6. ap-req: $\{ts\}K_{c,v}$(optional)

图 10-6　完整 *Kerberos* 认证协议

4. Kerberos 的加密

　　尽管从概念上说,Kerberos 认证可以让一个正在运行的 client 代表一个主体,更准确的说法是这个 client 拥有关于用户和认证服务器间共享的密钥的知识。在 Kerberos 协议中,用户的加密密钥源自于口令。同样,每个应用服务器和认证服务器共享一个加密密钥,这个密钥称为服务器密钥。

　　当前的 Kerberos 采用了数据加密标准(DES)算法。DES 的加密和解密必须使用同一个密钥。如果加密和解密时使用的密钥不同,或密文被篡改,则解密的结果就不可识别,但是通过检查 Kerberos 中的校验和就会检查出来。将加密和校验和结合起来使用,提供了对消息机密性和完整性两方面的保护。

Kerberos 协议的一个附产品是 client 和 server 之间的会话密钥交换,会话密钥随后就可被应用程序用来保护通信的完整性和保密性。Kerberos 系统定义了两个消息类型:安全消息和保密消息来封装需要被保护的数据,但应用系统可以自由选择适合传输数据类型的更好的方式。

10.6.4　Kerberos 的跨域认证操作

域(realm)是 Kerberos 协议中的一个重要概念,一个域指一个 Kerberos 服务器所直接提供认证服务的有效范围。Kerberos 协议是支持跨越域的界限而操作的,即这个域中的 client 能够被另一个域的服务器认证。每个组织都想运行一个 Kerberos 服务器来建立它自己的域,client 所注册的这个域的名字就是 client 的名字,可被终端服务用来判定是否允许一个请求。通过建立域间密钥,两个域的管理员可以允许一个 client 在本域内向另一个域中的服务器证实身份。域间密钥的交换(每个方向都要使用一个单独的密钥),能够为主体注册每个域的票据授予服务,同他所注册域中的主体享受同样的服务。于是,一个 client 可以从自己所在的域获取一个票据授予票据,用于远程域中票据授予服务。当使用那个票据授予票据时,远程票据授予服务使用域间密钥解密 TGT,就可以确定 client 所持的 TGT 是否由 client 所在域的 TGS 所发,域间密钥通常 TGS 密钥不同。远程 TGS 所发的票据会向终端服务指出,这个 client 是在另一个域中被认证的。两个域要进行通信的条件是两个域共享一个域间密钥,或本地域与一个中间域共享域间密钥。认证路径就是,多个域通信时所经过的一系列中间域。

域可以按层次组织。每个域和它的父域共享一个密钥,并和每一个孩子域共享不同的密钥。如果一个域间密钥没被两个域直接共享,那么这种分层的组织就可以很容易地建立一个认证路径。如果没有使用层次组织,要建立认证路径就要去查询数据库了。

在一个组织界线交叉的系统中,让所有的用户都注册到同一个认证服务是不太现实的,事实上,Kerberos 也提供了多个认证服务器间的认证。一个特定的认证服务器所注册的用户和应用服务器的集合称为一个域。跨域的认证操作允许主体向注册在不同域中的服务器证明自己的身份。

为向一个远程域证明身份,主体必须从本地认证服务器获取一张应用于远程域的票据授予票据。要做这样,首先需要主体所在域的认证服务器和验证者所在域的认证服务器共享一个跨域密钥,然后主体通过票据授予交换请求一张可用于验证者所在域认证服务器的票据,认证服务器检测到这张票据来自外部域后,查找跨域密钥,验证票据授予票据的有效性,然后为 client 发行票据和会话密钥。client 的名称,包括 client 所注册的域的名称,都嵌入在票据。

在第 4 版中,要求认证服务器必须到每个需要跨域认证的域进行注册,这样做是不太合理的,如果总共有 n 个域,那么要进行完全的域间互连需要交换 n^2 个密钥。第 5 版支持多重的跨域认证,但必须要分层共享密钥。在第 5 版中,每个域和他的子域、父域共享一个密钥,例如:域 ISI. EDU 和域 EDU 共享一个密钥,同时其它几个域 MIT. EDU、USC. EDU、WASHINGTON. EDU 也和 EDU 共享一个密钥,当 ISI. EDU 中的一个用户 bcn@ISI. EDU 要申请注册在 MIT. EDU 域中的资源,他首先要 ISI. EDU 的认证服务器获取一张用于 EDU 域的票据授予票据,再用这个票据授予票据从 EDU 域中的认证服务器获得一张用于 MIT. EDU 的票据授予票据,再终从 MIT. EDU 域中的认证服务器获得一张用于验证者的票据。

在多重跨域认证时,传输所经过的域的列表记录在票据中,验证者在进行验证时,要判断这个路径是否可信。域的分层组织结构和 CA 以及公钥密码系统证书服务器的分层组织结构相同。

10.6.5 Kerberos 的局限

S. M. Bellovin 和 M. Merritt. 描述了 Kerberos 的局限。尽管大部分是针对 V4 和 V5 的草案中的问题,但还有一些是原则性的。特别是,Kerberos 无法抵抗口令猜测攻击。如果一个用户使用了弱口令(poor password),那么攻击者就可以猜测它的口令,假冒他的身份登录。类似地,Kerberos 还需要一个可靠的口令输入方式。如果用户为程序输入的口令已经被攻击者(或特洛伊木马)篡改,或者用户和初始认证之间的通信被监控,则攻击者可以假冒身份的有效信息。Kerberos 能和后面将要描述的其它技术结合使用来避免这些缺陷。

为实用起见,Kerberos 必须作为整个系统的一个部分,它无法保护两台计算机之间的所有信息,只能保护使用它的软件发出的信息。尽管在建立两台计算机之间的加密连接或网络层的安全连接时可用 Kerberos 来交换加密密钥,但这必须要通过修改主机上的网络应用软件才能实现。

Kerberos 自身不能认证,但它可以作为建立独立的分布式认证服务系统的基础。

1. 重放攻击

Kerberos 协议安全性并不如原来所期望的那样高,存在着一些明显的弱点,最严重的就是使用认证码来防止重放攻击。认证码中依靠一个时间戳来防止重用,这是存在问题的。这要求在认证码的生命期内(典型的是 5 分钟)不存在重放。

2. 安全时间服务

在 Kerberos 中,认证码依靠机器的时钟来实现"松同步"。如果一个主机的时钟被修改,那么过期的认证码就有可能被轻易地重放,因为许多主机使用了未经认证的时间同步协议,于是这样的攻击就很简单。在安全的时间服务之上建立认证机制的设计原理本身就是存在问题的,要欺骗一个未经认证的时间服务也许编程实现比较困难,但要进行密码攻击就很容易。Kerberos 本身存在多变的环境因素,使它对安全时间服务的依赖性会更有问题,因而必须强调。事实上,可以选择使用 challenge/response 认证机制,client 提供一张票据,server 用一个被会话密钥 Kc,s 加密的特定标识作为响应,client 再用这个标识的一些函数来响应,以证明他拥有会话密钥。另外,在每次使用票据时,都要交换一对附加的消息,来对数据报作以说明。challenge/response 认证机制能够提供更普遍的环境中的安全性,那么对 Kerberos 增加一个 challenge/response 机制的可选项。总之,Kerberos 协议的安全性是建立在严格的时钟同步基础上的,它的本质就是 client、server、AS 和时间服务器四方的互相信任。

3. 口令猜测攻击

对 Kerberos 协议的第二类攻击就是口令猜测,入侵者能够通过记录登录的对话来匹配口令。当用户请求 TGT(票据授予票据)时,所得到的响应用 Kc 加密,而这个密钥是由用户的口令通过一个公开算法产生的。猜测者可以通过计算 Kc,并用它试着去解密数据记录,从而来确定口令是否猜测的正确。一个已经记录了很多个登录对话的入侵者有可能找到多个新口令。一般的用户除非迫不得已,都不会去选用非常好的口令。可以用 D－H 密钥交换来提供一个加密的附加层,这样,第三者就不会轻易地得到密钥,但这要消耗一定的计算时间。另一种方法是,在登录对话中附加一些信息。由于对票据的请求消息本身不会自动加密,而攻击者却会冒充不同的用户请求多个 TGT,因此对服务器加以限制来自同一地址的请求频率,减少猜测者所记录的对话,就能减少这种攻击可能性。

另一个方法是采用 Lomas,Gong,Saltzer 和 Needham.[Loma89]的协议,他们提出了一个和 server 的对话,使用户不会暴露在猜测者面前。但是,这个协议使用了 Kerberos 未采用的公钥密码方法。

4. 登录欺骗

在工作站环境中,入侵者很容易用记录了用户口令的文本来代替登录命令。Kerberos 协议有个优点,就是口令不会以明文形式在网络中传输,这种攻击刚好避开了这一点。要防止这种攻击,可以采用一次性口令认证机制。典型的一次性口令认证方案中,server 和用户设备之间共享一个密钥,server 首先选取一个随机数并把它传给用户,用户共享密钥来加密这个数,将结果传回给 server,server 将用户的加密结果和他自己的加密结果进行比较,如果两个值匹配,就认为用户的密钥是正确的。

第二,如果 client 的工作站本身不安全,那么它对用户的口令就有威胁,对 Kerberos 所提供的会话密钥会有威胁,这比获得一些具有有限生命周期的密钥更严重。

5. 对域间会话的选择明文攻击

根据第 5 版草案中所说,使用 KRB−PRIV 格式的 server 对于选择明文攻击十分脆弱。可以用密文来攻击协议,邮件和文件服务器对那些攻击都很脆弱。

6. 会话密钥的泄露

Kerberos 协议中的会话密钥实际上不是规范的会话密钥,该密钥被包含在服务票据中,在 client 和 server 之间的会话中多次使用,确切地说应该是多次会话密钥。这本身就存在安全隐患,要从根本上解决的话,Kerberos 就得使用真正的会话密钥。会话密钥是由 server 产生的,或能够作为多次会话密钥的特有会话函数来计算。

习　题

1. 数字签名应该具有哪些特征?
2. 数字签名系统由哪些部分构成?
3. 什么是阈下信道,它有什么安全隐患?
4. 简述盲签名的原理。
5. 代理签名方案应该满足何种要求?
6. Kerberos 认证环境由哪些实体构成?
7. 简述 Kerberos 中的票据授予过程。
8. 用 RSA 算法对下列数据签名。

    (1) $p=13$, $q=17$, $e=7$, $M=5$

    (2) $p=23$, $q=11$, $e=3$, $M=9$

9. 在 ElGamal 签名中,如果产生的 $s=0$,则必须重新生成新的 k 并重新计算签名,为什么?

10. 如果 ElGamal 签名中的随机数 k 被泄密,对安全有什么影响?

11. 以下是一种基于离散对数的签名方法,它比 DSA 更简单,需要私钥但不需要秘密的随机数。

公开量:大素数 q,q 的本原根 α,$\alpha < q$

私钥:X,$X < q$

公钥:$Y = \alpha^X \bmod q$

对消息 M 签名时,先计算该消息的 hash 值 $h = H(M)$,这里要求 $\gcd(h,q-1) = 1$,若 $\gcd(h,q-1)$ 不为 1,则将该 hash 值附于消息后再计算 h,继续该过程直到产生的 h 与 $q-1$ 互素;然后计算满足 $Zh \equiv X \bmod (q-1)$ 的 Z,并将 α^Z 作为对该消息的签名。验证签名即是验证 $Y \equiv (\alpha^Z)^h \equiv \alpha^X \bmod q$。

(1) 证明该体制能正确运行。

(2) 给出一种对给定的消息伪造用户签名的简单方法,以证明这种体制是不安全的。

12. 数字签名标准 DSS 中包括一个推荐的素性检测算法,该算法如下:

(1) 选择 w:令 w 为随机奇数,则 $w-1$ 是偶数且可表示为 $2^a m$,其中 m 是奇数,即 2^a 是整除 $w-1$ 的 2 的最大幂。

(2) 产生 b:令 b 为随机整数,$1 < b < w$。

(3) 求幂:置 $j=0$,且 $z = b^m \bmod w$。

(4) 完成:若 $j=0$ 且 $z=1$ 或者 $z=w-1$,则 w 可能是素数,故应测试 w,转到步骤(8)。

(5) 终止:若 $j > 0$ 且 $z=1$,则 w 不是素数,对该 w 算法终止。

(6) 增值:置 $j=j+1$,若 $j < a$,则置 $z = z^2 \bmod w$ 并转互步骤(4)。

(7) 终止:w 不是素数,对该 w 算法终止。

(8) 继续测试:若已测试了足够多的 b,则认为 w 是素数并终止算法,否则转到步骤(2)。

A 说明该算法的工作原理,并证明该算法等价于 Miller-Rabin 算法。

B 因为 DSS 对每个签名产生一个 k,所以即使对同一消息签名,在不同的情况下签名结果也不相同,但 RSA 签名则不能做到这一点。这种区别有什么实际意义?

第 11 章　密码协议的应用

11.1　安全套接层 SSL

11.1.1　SSL 简介

在 20 世纪 90 年代,以 Internet 为基础的信息业务获得了巨大发展,产生了网上交易等电子商务行为,信息基础设施本身的脆弱性与网络业务要求的高安全性之间的矛盾日益突出,这就要求有一个专门的安全协议来规范数据传输方式,既确保信息业务的安全,同时保证操作的便捷。SSL 就是在这种背景下由 Netscape 公司开发的一个网络安全协议,它已成为事实上的网上安全交易标准协议,现已被各种应用网络业务和团体、企业广泛接受。

安全套接层 SSL(secure sockets layer)共有三个版本。SSL1.0 由 Netscape 公司开发后,只在内部使用,由于包含一些严重的错误,现在已不再发行。SSL2.0 开发后就被加入到 Netscape Navigator1.0 中,其中还包含了一些如中间攻击的弱点。SSL3.0 规范在 1996 年 3 月正式发行,克服了 SSL2.0 中的缺陷,同时还加入了一些新的特征。Netscape Navigator 和 Microsoft 的 Internet Explorer 均可执行它。基于 SSL3.0,IETF 发布了 TLS (Transport Layer Security),即 RFC2246。TLS1.0 通常被称作 SSL3.1。

SSL 的主要目标是为两个通信主体提供保密、可靠的信道。它是在 Internet 基础上提供的一种保证机密性的安全协议,它建立在可靠的传输层之上,与应用层的具体协议无关,加密算法、通信密钥的协商以及服务器的认证都是由 SSL 自动地完成的。在 SSL 的连接建立之后,应用层不需要进行任何干预,通信中的所有数据都会被 SSL 自动加密。它为应用层协议提供了一个类似于 TCP 的接口,对应用层程序的开发者来说,它是完全透明的,可以利用 SSL 套接来代替传统的 TCP 套接。使用 SSL 后,HTTP 协议称为 HTTPS,LDAP 称为 LDAPS。SSL 在 TCP/IP 中位置如图 11－1 所示。

SSL 协议提供了一个具有如下三个基本属性的安全连接:

(1) 连接是保密的。在握手协议定义密钥后,用对称密码(如 DES、RC4 等)来

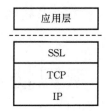

图 11-1　SSL 在 TCP/IP 中位置

加密数据。

（2）主体的身份可以通过公钥加密来验证（如 RSA、DSS 等）。

（3）连接是可靠的。使用了安全的散列算法（如 SHA/MD5），用带密钥的消息认证码来验证消息的完整性。

SSL 3.0 的主要目标，按照优先顺序依次为：

（1）加密安全：SSL 要为通信双方建立一个安全的连接。

（2）互操作性：参数是独立的，使得在开发基于 SSL 3.0 的应用程序时，无需知道对方的代码就能交换密码参数。例如 server 支持一种特定的硬件令牌，而 client 不支持时这种连接就不能建立起来。

（3）可扩展性：SSL 要提供一个框架，在必要时新的公钥密码和对称密码能够填加进来。

（4）相对高效性：加密操作要占用 CPU 资源，特别是公钥密码。鉴于此，SSL 协议建立了一个会话缓存区，用以减少要必须从头开始建立的连接数量，这也会减少网络上的交互活动。

11.1.2　SSL 协议概况

1. SSL 协议的组成

SSL 协议是一个由两层协议组成的协议组，由底层的 SSL 记录协议（SSL Record Protocol）和高层的三个 SSL 子协议两部分组成，这三个高层协议为：握手协议（handshake protocol）、改变密码说明协议（change cipher spec protocol）和报警协议（alert protocol）。SSL 记录协议用来为高层的协议封装数据，将握手层送来的数据分组、压缩、认证、加密。首先将数据分割成易于处理的分组，每个分组的最大长度为 $2^{14}-1=16383$ 字节，然后进行压缩处理，计算出分组数据的 MAC，再将数据加密，附上 MAC 后发送出去。接收到的数据首先解密，再验证 MAC，解压缩，重组后传给上一层。SSL 握手协议可使 server 和 client 双方互相认证，并协商加密算法和密钥。改变密码说明协议用来协商加密所使用的加密算法、散列算法以及密钥等秘密信息。报警协议用来将操作错误或异常情况通知对方。SSL 协议的组成和结构如图 11-2 所示。

图 11-2　SSL 协议的组成和结构

2. SSL 协议的主体

在 SSL 协议中只定义了两个通信主体：客户端（client）和服务器（server）。SSL 握手的发起方被定义为 client，响应方被定义为 server，client 首先发送握手协议的各种消息，server 回应相应消息，也可以理解为 client 向 server 提出进行密码通信的请求，server 做出应答。在应用数据的加密传输开始后，这两个实体的地位是完全对等的。这两个概念不同于平时所指的客户端和服务器，client 并非要请求某种服务，server 也并非要提供某种服务。SSL 协议中对双方的状态、消息、数据类型和方法的定义也是完全对称的。

3. SSL 协议的加密属性

在 SSL 中共定义了四种加密操作：数字签名、流密码加密、分组密码加密和公钥密码加密。对称加密用于加密应用数据，非对称加密用于交换密钥和进行身份验证。

SSL 中使用的流密码为 RC4，分组密码为 RC2、DES、3-DES、IDEA 和 Fortezza，密钥交换算法为 RSA、Diffie-Hellman 和 Fortezza_dms，数字签名算法为 RSA、DSS，散列算法为 MD5、SHA。

在数字签名中，用单向散列函数值作为签名算法的输入。在 RSA 签名算法中，对两个散列值组成的 36 字节的结构签名。在 DSS 中，对 20 字节的 SHA 散列值直接签名。应用流密码加密时，原文与伪随机数发生器产生的等长序列作异或。应用分组密码加密时每个明文分组被加密成一个对应的密文分组，为和分组密码的分组长度保持一致，要对较短的明文作填充。

4. SSL 协议的状态

a　当前操作状态和未决状态

SSL 协议中用当前操作状态和未决状态来表示正在使用和将要使用的密码说明，在握手时用这两个状态区分正在协商的和正在使用的参数。

当前状态（The Current Operate State），记录当前正在使用的密码说明，包括压缩算法、加密算法、MAC 算法和密钥。

未决状态(The Pending State),记录正在协商的密码说明,包括压缩算法、加密算法、MAC 算法和密钥。

clinet 和 server 各自的当前操作状态和未决状态应同步,才能保证通信过程的同步。每个状态又包括接收消息和发送消息两个操作,SSL 协议中用读状态和写状态来记录发送消息和接收消息分别使用的密码说明。

读状态(The Read State):包括了解压缩算法、解密算法、验证 MAC 的算法和解密密钥。

写状态(The Write State):包括了压缩算法、加密算法、生成 MAC 的算法和加密密钥。

client 和 server 有各自独立的读状态和写状态,而且当前状态和未决状态也包括各自的读状态和写状态两个方面。

双方的读写状态是相协调的。改变密码说明协议中,当 client 或 server 收到改变密码说明消息时,它将未决读状态复制到当前读状态中。当 client 或 server 发送一个改变密码说明消息时,它将未决写状态复制到当前写状态中。握手结束后,client 和 server 交换改变密码说明消息,然后用最新协商的密码说明开始通信。

b 会话状态和连接状态

会话(session)状态和连接(connection)状态是 SSL 中很重要的两个概念。会话指 client 和 server 之间的一个关联。每个会话由 session ID 来标识,一个会话中断后,可以保存在缓存,以后还可以被恢复。连接是基于会话所商定的参数建立的一次传输,连接必须由会话创建,连接是一次性的。一个 SSL 会话可以包括多个安全连接,参与通信的任何一方也可以同时进行多个会话。

一个会话状态包括以下元素:

session identifier:会话标识是一个由 server 视情况选择的任意字节,标识一个活动的或可恢复会话状态。

peer certificate:主体的 X509v3 证书,此元素可以为空,视是否验证而定。

compression method:用来标识对数据加密前进行压缩的算法。

cipher spec:密码说明,用来说明处理数据所用到的加密算法(如 DES)和 MAC 算法(如 MD5 或 SHA),还规定了加密的一些属性,如散列长度等。

master secret:主密钥,在客户端和服务器之间共享的 48 字节的密钥。

is resumable:标记此会话是否可恢复,是否可用来初始化一个新的连接。

连接状态包括以下元素:

server and client random:由 server 和 client 为每一个连接所选择的随机数。

server write MAC secret：server 对数据进行 MAC 写操作时用到的秘密信息。

client write MAC secret：client 对数据进行 MAC 写操作时用到的秘密信息。

server write key：server 对数据进行对称加密时用到的密钥，也是 client 的解密密钥。

client write key：client 对数据进行对称加密时用到的密钥，也是 server 的解密密钥。

initialization vectors：用分组密码的 CBC 模式加密时用的初始向量（IV），每个密钥都有一个 IV。该域第一次由 SSL 的握手协议初始化，以后用前一个记录的最后一个密文分组初始化。

sequence numbers：各方在每次连接中，对发送的和接收到的消息单独记录序号。当发送或收到更改密码说明消息时，序号置 0。

SSL 的通信步骤为：

（1）建立 TCP"连接"；

（2）SSL 握手，建立 SSL"会话"（Session）；

（3）通过"会话"传送加密数据包；

（4）释放连接，"会话"过期。

11.1.3　记录层协议

记录层协议是 SSL 的底层协议，它建立在 TCP 层的可靠传输之上，主要功能是将握手层送来的数据分组、压缩、认证、加密，SSL 记录层从高一层接收任意长度的非空分组数据。在 SSL 记录层，所有的数据都被封装成记录（Record），每个记录由记录头和一些非零数据组成。

1. SSL 记录格式

SSL 记录头格式：SSL 记录头包含记录头长度、记录数据长度、记录是否有填充数据等内容。SSL 的记录头长度是 2 或 3 字节。当设置了第一个字节的有效位时，该记录不包含填充数据，记录头的总长度为 2 字节，记录数据的最大长度为32767 字节，否则，该记录包含填充数据，记录头的总长度为 3 字节，记录数据的最大长度为 16383 字节。当记录头长度为 3 字节时，第二有效位有特殊含义，设为 1时，表示是一个数据记录，为 0 时表示是安全空白记录。

SSL 记录数据格式：SSL 记录的数据由三部分组成，按发送或接收到的顺序依次为：MAC 数据（MAC-DATA）、真实数据（ACTUAL-DATA）和填充数据（PAD-DING-DATA）。真实数据是真正传输的消息，填充数据是使用分组密码加密时对消息所作的填充，MAC 数据是整个记录的消息认证码。

2. 分割

记录层将信息分割成 2^{14} 字节或短一些的 SSLPlaintext 记录,数据一般是按类型进行分割,多个用户的同类型数据可能被合并到同一个 SSLPlaintext 记录中。不同的内容类型的数据也可以交叉。在传输时,应用数据的优先级通常低于其它数据类型。

```
struct {
    uint8 major,minor;
} ProtocolVersion;
enum {
    change_cipher_spec(20),alert(21),handshake(22),
    application_data(23),(255)
} ContentType;
struct {
    ContentType type;
    ProtocolVersion version;
    uint16 length;
    opaque fragment[SSLPlaintext. length];
} SSLPlaintext;
```

type:处理所带数据的高层协议的类型。

version:所使用的 SSL 协议的版本号,目前通常用 SSL 3.0。

length:后面的原始数据 SSLPlaintext. fragment 的长度,不能超过 2^{14} 字节。

3. 记录的压缩和解压缩

所有的记录都用当前会话状态所定义的压缩算法来压缩,每个会话总有一个有效的压缩算法,但在初始化时 CompressionMethod 被定义为 null。压缩算法将消息从 SSLPlaintext 原始结构转换为 SSLCompressed 压缩结构。当密码说明被改变以后,压缩函数就会删除它们的状态信息。

压缩过程不能对原文造成损失,且长度增加不能超过 1024 字节。解压函数对一个 SSLCompressed. fragment 压缩数据解压时,如果得到的结果长度超过 2^{14} 字节,则用解压失败报警消息 decompression_failure 发出致命报警。

```
struct {
    ContentType type;               / *  和 SSLPlaintext. type 类型相同  * /
    ProtocolVersion version;  / *  和 SSLPlaintext. version 版本相同  * /
    uint16 length;
    opaque fragment[SSLCompressed. length];
```

｝SSLCompressed；

length：指后面压缩数据 SSLCompressed. fragment 的长度，不能超过 $2^{14} +$ 1024 字节。

fragment：原始数据 SSLPlaintext. fragment 压缩后的形式。

4. 记录的有效载荷保护和密码说明

所有的记录都用当前密码说明中所定义的加密和 MAC 算法来保护。每个会话都有有效的密码说明，但在初始化时用 SSL_NULL_WITH_NULL_NULL 将其置空，此时不提供任何安全保障。

握手过程结束后，双方就开始交换有关加密和消息认证码（MACs）操作的秘密信息。密码说明中定义了用来完成加密和 MAC 操作的有关方法，它们还必须符合 CipherSpec. cipher_type 的类型定义。通过加密和 MAC 操作函数将消息从 SSLCompressed 压缩结构转换为 SSLCiphertext 密文结构。解密函数的操作过程相反。在传输时记录还要加上一个序号，从而能够检测到丢失的、报警或附加消息。

```
struct {
    ContentType type；
    ProtocolVersion version；
    uint16 length；
    select (CipherSpec. cipher_type) {
        case stream：GenericStreamCipher；
        case block：GenericBlockCipher；
    } fragment；
} SSLCiphertext；
```

type：类型和 SSLCompressed. type 的类型一致。

version：版本和 SSLCompressed. Version 的版本相同。

length：指以下的密文数据 SSLCiphertext. fragment 的长度，不能超过 $2^{14} +$ 2048 字节。

fragment：压缩数据 SSLCompressed. fragment 和 MAC 加密后的形式。

a　Null 或标准流密码加密

流密码将消息从 SSLCompressed. fragment 压缩格式转换为流密文 SSLCiphertext. fragment 格式，结构如下：

```
stream-ciphered struct {
    opaque content[SSLCompressed. length]；
    opaque MAC[CipherSpec. hash_size]；
```

} GenericStreamCipher;

MAC 用如下方法生成:

hash(MAC_write_secret + pad_2 +

hash(MAC_write_secret + pad_1 + seq_num +

SSLCompressed. type + SSLCompressed. length +

SSLCompressed. fragment))

"+"表示连接。

pad_1,字符 0x36 的循环,使用 MD5 时循环 48 次,SHA 时循环 40 次。

pad_2,字符 0x5c 的循环,使用 MD5 时循环 48 次,SHA 时循环 40 次。

seq_num,消息的序号。

Hash(),密码说明中定义的散列算法。

b   分组密码 CBC 模式加密

通过分组密码(如 RC2、DES)和 MAC 函数将消息从 SSLCompressed. fragment 压缩格式转换成 SSLCiphertext. fragment 分组密文格式。

block-ciphered struct {

opaque content[SSLCompressed. length];

opaque MAC[CipherSpec. hash_size];

uint8 padding[GenericBlockCipher. padding_length];

uint8 padding_length;

} GenericBlockCipher;

MAC 的生成方法和流密码加密相同。

padding,填充数据,使得原文的长度成为所选用分组密码分组长度的整数倍。

padding_length,填充长度,不能超过分组密码的分组长度,也可以为零。

使用 CBC 模式时,第一个记录所用到的初始向量(IV)由握手协议提供,后续记录用到的 IV 均为前一个记录的最后一个密文分组。

11.1.4   改变密码说明协议

改变密码说明协议是 SSL 三个特定协议中最简单的一个。该协议仅由一个用当前密码说明加密压缩的消息组成,包含一个字节,值为 1。

struct {

enum { change_cipher_spec(1),(255) } type;

} ChangeCipherSpec;

client 和 server 都能发送改变密码说明消息,通知接收方将使用刚刚协商的密码说明和密钥来加密后续的记录。client 在握手密钥交换和证书验证(如果存在)之后发送改变密码说明消息;server 在成功处理完从 client 接收到的密钥交换消息后,发送改变密码说明消息。意外改变密码说明消息是在出现一个 unexpected_message 意外报警时生成的。要恢复一个先前的 session 时,在 hello 消息之后会发送一个改变密码说明消息。

11.1.5　报警协议

报警类型是 SSL 记录层所支持的类型之一,通过报警消息描述错误的危害程度。收到一个致命等级的报警消息时当前连接就会立即中断,此时和该会话相关的其它连接可以继续,但必须使该会话的标识无效,从而防止攻击者企图用一个失败的会话来建立新的连接。和其它消息一样,报警消息也是被加密且压缩的。报警消息由报警等级和报警描述两部分组成,结构为:

```
struct {
    AlertLevel level;
    AlertDescription description;
} Alert;
```

根据严重程度,报警等级分为警告和致命:

```
enum { warning(1),fatal(2),(255) } AlertLevel;
```

报警协议共包括 12 个报警描述消息:

```
enum {
    close_notify(0),
    unexpected_message(10),
    bad_record_mac(20),
    decompression_failure(30),
    handshake_failure(40),
    no_certificate(41),
    bad_certificate(42),
    unsupported_certificate(43),
    certificate_revoked(44),
    certificate_expired(45),
    certificate_unknown(46),
    illegal_parameter (47)
    (255)
} AlertDescription;
```

这 12 个消息按功能基本可以分为断开报警(closure alerts)和错误报警

（error alerts）两大类。

（1）断开报警（closure alerts）

当出现意外情况时，client 和 server 互相通知，断开连接，从而避免受到攻击。任何一方都可以首先发送断开消息。用于断开报警的只有 1 个消息：

close_notify：该消息用来通知接收方，本次连接不发送任何其它消息。没有用正常的带有报警等级的 close_notify 消息终止的任何连接都不会被恢复。

任何一方都可以通过发送一个 close_notify 报警消息来结束当前的连接，且在收到断开报警消息以后收到的任何其它消息都将被忽略掉。任何一方都必须发送一个 close_notify 报警消息才能结束连接的写状态，对方用自己的 close_notify 消息回应，并立即断开连接，放弃未决写状态。断开的发起者也不必等到回应的 close_notify 消息才结束连接的读状态。

（2）错误报警（error alerts）

SSL 握手协议中的错误处理很简单。检测到错误时，检测到的一方发送消息给另一方。当发送或者收到了致命报警消息时，双方会立即断开当前连接。server 和 client 不能记录这次失败连接的 session-identifiers、密钥和相关秘密。共定义了如下 11 种错误报警消息：

unexpected_message：收到了一个可疑的消息，正常情况下不会出现这种情况。致命级。

bad_record_mac：接收到的记录 MAC 验证不正确时会返回这个记录。致命级。

decompression_failure：解压缩函数接收到的输入不正确（如数据超过正常长度）。致命级。

handshake_failure：发送者不能接受所给出的安全参数，握手失败。致命级。

no_certificate：在发送证书请求后如果对方没有证书。

bad_certificate：证书包含错误，如数字签名验证不正确等。

unsupported_certificate：证书类型不支持。

certificate_revoked：证书已被签发者废止。

certificate_expired：证书已经过期或者无效。

certificate_unknown：证书的签发者不被承认。

illegal_parameter：握手过程中，某个域超出正常范围或与其它域不一致。致命级。

11.1.6　握手协议

SSL 握手协议在 SSL 记录协议之上，会话状态的加密参数由其产生。握手协议的基本功能是建立 client 和 server 的基本连接、验证身份、协商加密算法和压缩算法、协商密钥。握手协议既可用于建立一个新的会话,也可用于恢复一个先前存在的会话,但每次握手都会建立一个全新的连接。

1. 完整握手协议过程

当客户端(client)和服务器端(server)首次进行通信时,他们要协商协议的版本,选择加密算法,选择是否互相进行身份认证,并用公钥加密技术产生一个共享的秘密信息。这些操作都由握手协议来完成,该协议基本步骤如下:

client 首先发送一个 client hello 消息,server 必须回应一个 server hello 消息,否则,将发生致命错误将该连接中断。client hello 和 server hello 是用来建立 client 和 server 之间的安全连接,可以确定这样一些属性:协议版本、会话标识 (Session ID)、密码组和压缩方法。另外还生成并交换两个随机值:ClientHello. random 和 ServerHello. random。在 hello 消息之后,如果进行身份认证,server 将发送它的证书,如果有必要(如服务器没有证书或证书具有签名能力),server 还要发送一个带有临时公钥的密钥交换消息 server key exchange。Server 被认证后,向 client 请求证书。最后,server 发送一个 server hello done 消息,标志着 hello-message 阶段结束,Server 等待 client 的回应。如果 server 发送过证书请求消息,client 还必须发送证书或无证书消息。

client 发送密钥交换消息 key exchange message,该消息的内容由 hello 阶段双方选择的公钥密码算法决定。如果 client 发送的证书具有签名能力,client 还要发送一个用来验证证书的 certificate verify 消息。

然后,client 发送改变密码说明消息 change cipher spec message,并将正在协商的密码说明复制到当前的 Cipher Spec 域中。紧接着,client 发送用新的算法、密钥和秘密信息加密的 finished message 消息。作为回应,server 将发送它的改变密码说明消息,将正在协商的密码说明写到当前的 Cipher Spec 域中,并发送用新密码说明加密的 finished message 消息。现在,握手协议结束,client 和 server 就可以开始交换应用层数据了。握手协议过程如图 11-3 所示。

2. 恢复一个先前的会话

当 client 和 server 要恢复一个先前的会话或复制一个当前的会话(改变安全参数),消息如下:

client 用待恢复会话的标识 Session ID 发送一个 ClientHello 消息,server 在它的会话缓存中进行匹配。如果匹配成功,server 将同意在指定的会话状态下重建连接,它将用相同的 Session ID 值发送一个 ServerHello 消息。此时,双方都发送改变密码说明消息和 finished 消息。一旦连接重建完成,client 和 server 就可以

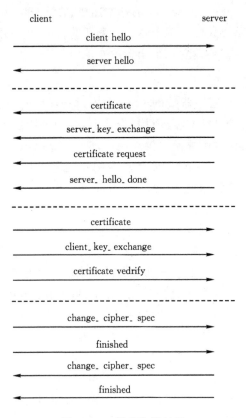

图 11 - 3 握手协议过程

开始交换应用层数据了。如果 Session ID 匹配不成功，server 生成一个新的 Session ID，client 和 server 将完成一次完整的握手过程。其过程如图 11 - 4 所示。

图 11 - 4 恢复先前会话

11.2　安全电子交易协议 SET

11.2.1　SET 简介

安全电子交易标准(secure electronic transactions)是由 Visa 和 Master Card 两大信用卡组织共同制定的,是为了在互联网上进行在线交易时保证信用卡支付的安全而建立的一个规范,基于 PKI 和 X.509 等标准,于 1997 年 6 月 1 日正式发布,是目前国际上通用的支付标准协议。1997 年 4 月在新加坡,第一次应用 VISA SET 完成了交易,现在已有超过 38 个国家和地区的 150 多个 VISA 成员在使用 SET 协议进行安全电子商务活动。SET 协议已经得到了 IBM、HP、Microsoft、Netscape、VerFone、GTE、VerSign 等许多公司的支持,已获得 IETF 标准认可。SET 成为电子支付标准技术,成为 B2C 业务事实上的工业标准。

SET 协议有如下特点:

保密性:使用加密的通道来传输信息,确保持卡人的账号信息和支付指令在网络上安全传输。而且,只将信用卡账号传送给银行,商家无法得知。

完整性:使用了 RS 数字签名以及 SHA-1 散列函数,确保持卡人的订单、个人信息和支付指令等信息不会被人篡改。

鉴别:商家可以鉴别持卡人的身份,持卡人也可鉴别商家。

11.2.2　SET 协议中的参与者

持卡人(cardholder):在电子商务环境中要进行网上购物的个人或企业,持有发卡银行所发行的支付卡和商家进行安全电子交易。

发卡银行(issuer):为持卡人建立账户并提供支付卡的金融机构。

商家(merchant):向消费者提供商品,与持卡人进行电子交易,为持卡人提供一个安全的电子交易环境。商家只有和收单银行达成协议后才能接受电子支付。

收单银行(acquirer):为商家建立账户并处理交易和支付的金融机构。

支付网关(payment gateway):由收单银行或第三方操作的机构,处理商家的支付信息。

标牌(brand):金融机构为某一种卡所建立的规范,并提供了处理这种卡的网络和设施,和其它的金融机构互联。

第三方(third party):发卡银行和收单银行可以指定一个公正的第三方来处理所有的支付信息。

11.2.3　SET 中的证书

持卡人证书:持卡人证书实际就是支付卡的电子形式,因为有金融机构所作的数字签名,所以只有金融机构能够生成,第三方无法篡改。持卡人证书不包含账号和有效期,这些信息和密钥都经过散列后嵌入到用户软件中。一旦知道这些信息,就能知道这张卡的链接,但这些在证书中是看不到的。在 SET 协议中,持卡人只将账号信息和密钥传给提供验证的支付网关。只有当金融机构核实了持卡人身份后才为其颁发证书。持卡人要进行电子商务时就必须要申请证书。消费者要进行网络购物时,证书传给商家,并用该证书来加密支付指令。收到持卡人证书后,商家可确信消费者的账号是由发卡机构或其代理验证过的。

商家证书:其作用就是商家招牌的电子化形式,表示该商家已得到金融机构允许有资格接受这种规格的信用卡,由于证书有金融机构的数字签名,所以只有金融机构能够生成,而第三方无法篡改。这些证书由收单银行提供,表示商家和收单银行之间已经达成协议。在 SET 的支付环境中,商家必须至少持有一对证书,那么,商家将会有适用于各种不同信用卡的多对证书。

支付网关证书:支付网关证书由收单银行或进行认证、消息处理的处理部门持有。持卡人可以从证书中获得网关的加密密钥,用来加密他的账号信息。

收单银行证书:收单银行必须拥有证书才能操作 CA 接受和处理商家通过网络直接发送的证书请求。

发行者证书:持卡人通过网络发出的认证请求都由 CA 来接受和处理,发行者必须拥有证书才能操作 CA。

11.2.4　分层信任模型

SET 证书通过一个分层信任模型来验证。每个证书和其签发者的证书相链接,从而形成证书链。按信任树中的路径去验证就能判断证书是否有效。如:持卡人证书链接到发行者或其分支机构的证书,发行者证书又链接到根证书。根证书的验证密钥在 SET 系统内都是公开的,从而,每个人都能验证。这种分层信任模型的结构如图 11-5 所示。

11.2.5　SET 支持的消费类型

在线目录:WWW 的快速普及使得电子商务得到巨大增长。商家能够在网上建立他们的虚拟商场,提供在线目录,当所提供的商品有所变动时,商家能够迅速地修改产品目录。持卡人浏览这些网页选购合意的商品,消费结束后生成订单,持卡人提交一个请求,商家的 WEB 服务器会要求消费者检查核实。一旦消费者核

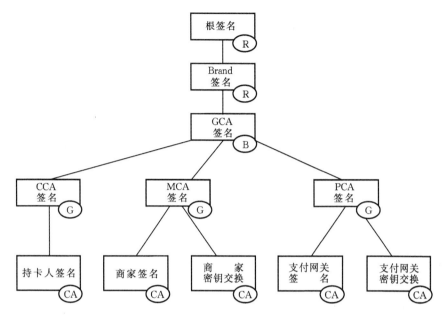

图 11-5　分层信任模型

实通过并选择用信用卡支付,SET 协议就会让持卡人通过安全的方式进行信息传输,同时让商家接受认证,获得支付的款额。

电子目录:近年来,通过磁盘、CD-ROM 之类的电子媒体分发的产品目录增长也很快。这种方式下,消费者可以在终端机上离线浏览。在线方式中,因为考虑到带宽问题,商家可能会尽可能地减小图片或对图片进行压缩,在离线方式下,就不存在这种问题了。另外,商家还可以提供一个用户购物应用程序,消费者可以通过浏览目录选择购买。一旦消费者消费结束,并选择用信用卡支付,订单、支付指令等电子信息就会遵循 SET 协议传给商家。这些信息可以在商家的网站上直接传送,也可以通过电子邮件等形式来发送。

11.2.6　SET 的软件系统

SET 软件系统主要由 4 个独立的部分组成,分别为:持卡人钱包软件(Card-holder"Wallet"Software)、商家软件(merchant software)、支付网关服务器软件(payment gateway server software)和证书授权软件(certificate authority software)。

持卡人钱包软件:提供了持卡人和商家的 SET 软件进行通信、管理和维护持卡人的数字证书和密钥的功能。

商家软件：管理交易前的证书交换，提供商家开户银行和持卡人的安全信道。

支付网关服务器软件：自动执行标准的支付处理过程，对持卡人所发的支付指令进行解密，并对商家的证书请求进行处理。

证书授权软件：向持卡人商家建立账户、发行证书。

11.3　IPSec

11.3.1　IPSec 简介

IPSec 提供了 IP 层的一种安全服务。应用系统能够选择安全协议、算法和密钥。IPSec 可以提供包括访问控制、连接完整性、数据源认证、防止重放、机密性和部分机密性在内的一系列安全服务。因为这些都是在 IP 层实现的，因此对用户来说是透明的，如同一般的 TCP、UDP、ICMP、BGP 协议一样。IPSec 能够保护通信主体之间、网关之间、主体和网关之间的链路的安全。安全网关指实现了 IPSec 协议的网络中介系统，如实现了 IPSec 的路由器和防火墙都是安全网关。

11.3.2　IPSec 的协议组成

IPSec 是由一组独立的协议组成的，用 AH 和 ESP 两个协议来提供通信安全。分别如下：

认证头 AH(authentication header)：对数据包附加一个强的密码校验，以提供对数据包的完整性和真实性认证。如果收到的数据包 AH 校验正确，那么在只有双方共享密钥的前提下可以确认，数据包是由真实的实体发来的，而且数据在传输过程中没有被篡改。和其它的协议不同，AH 对整个数据包都有效。

封装安全载荷 ESP(encapsulating security payload)：通过使用加密算法对数据包加密提供了对数据包的机密性保证。如果收到的数据包对 ESP 解密正确，那么在只有双方共享密钥的前提下可能确信数据包在传输中没有被人窃听。

IP 载荷压缩 IPcomp(ip payload compression)：ESP 提供了对数据包的压缩，但加密会对传输的数据压缩造成负面影响。IPcomp 提供了一种在 ESP 加密前对数据包进行压缩的方法。IPcomp 也可以单独作为压缩协议来用。

互联网密钥交换 IKE(internet key exchange)：AH 和 ESP 都需要各个主体事先共享密钥。IKE 提供了一种远程用户交换密钥的方法。

IKE 实际上是可选的，在 AH/ESP 中可以手工配置密钥。但是，一般情况下，不可能永远使用同一个密钥。IPSec 的实现如图 11-6 所示。

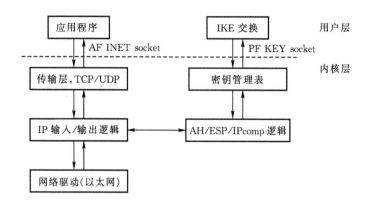

图 11-6　IPSec 的实现

11.3.3　IPSec 的工作模式

IPSec 有两种模式,分别是传输模式(transport mode)和隧道模式(tunnel mode)。

11.3.4　封装安全载荷 ESP

ESP 是 IPSec 的一个子协议,能够提供 IP 数据包的机密性、完整性、对数据源的认证和防止重放等安全服务。具体做法是在 IP 头和受保护的数据之间,插入一个称为 ESP 头的新头,在最后追加一个 ESP 尾。对 ESP 数据包的标识是通过 IP 头的协议字段来识别的。值为 50,就表明该包是一个 ESP 数据包,那么紧接在 IP 头后面的就是一个 ESP 头。

ESP 头没有被加密,但 ESP 尾的一部分却进行了加密。ESP 包的处理顺序为:首先检查序列号,然后检查数据的完整性,最后对数据进行解密。所以序列号和验证数据都是明文。封装安全载荷 ESP 如图 11-7 所示。

图 11-7　封装安全载荷 ESP

11.3.5 认证头 AH

AH 提供了数据完整性、数据源认证和防止重放等安全服务,但不提供机密性。AH 头比 ESP 简单得多。AH 只是在原 IP 数据的 IP 头和数据之间加入一个 AH 头。如图 11-8 所示。

AH 头包含一个 SPI,为要处理的包定位 SA 序列号,来防止重放攻击,另外还有一个验证数据字段,即数据包的 MAC 摘要。

图 11-8 认证头 AH

11.4 公钥基础设施 PKI

11.4.1 概述

公钥体制是目前应用最广泛的一种加密体制,在这一体制中,加密密钥与解密密钥不同,发送方利用接收方的公钥发送加密信息,接收方再用自己的私钥进行解密,公钥加密体制和数字签名技术既能保证信息的机密性,又能保证信息的完整性和不可抵赖性。公钥密码体制的应用需要一个可靠的平台来完成诸如用户的管理、密钥的分发、仲裁认证等一系列的工作,PKI(public key infrastructure,公钥基础设施)正是这样的一个平台。

PKI 是 20 世纪 80 年代由美国学者提出的概念,是信息安全基础设施的一个重要组成部分,数字证书认证中心 CA(certificate authority)、审核注册中心 RA(registration authority)、密钥管理中心 KM(key manager)等是组成 PKI 的关键组件。

PKI 是基于公钥密码理论和技术建立起来的安全体系,是提供信息安全服务的具有普适性的安全基础设施。该体系在统一的安全认证标准和规范基础上提供在线身份认证,是 CA 认证、数字证书、数字签名以及相关安全应用组件模块的集合。作为一种技术体系,PKI 从技术上解决了网上身份认证、信息完整性和抗抵赖等安全问题,为网络应用提供可靠的安全保障。但 PKI 的建设除涉及技术层面的问题外,还涉及到电子政务、电子商务以及国家信息化的整体发展战略等诸多问题。因此可以说,PKI 是国家信息化的基础设施,是相关技术、应用、组织、规范和法律法规的总和,是一个宏观体系。

近十年来,各国投入巨资实施 PKI 的建设和研究,PKI 理论研究和应用取得了巨大的进展。美国为推进 PKI 在联邦政府范围内的应用,在 1996 年就成立了联邦 PKI 指导委员会,1999 年又成立了 PKI 论坛。2001 年,为推动亚洲地区电子认证的 PKI 标准化,成立了"亚洲 PKI 论坛",随后我国成立了"中国 PKI 论坛"。目前,PKI 的开发与建设已经成为我国信息化战略的重要组成部分。

11.4.2　PKI 技术的信任服务及意义

1. PKI 技术的信任服务

公钥基础设施 PKI 是以公钥技术为基础,以数据的机密性、完整性和不可抵赖性为安全目的而构建的认证、授权、加密等硬件和软件的综合设施。

PKI 安全平台能够提供智能化的信任与有效授权服务。其中,信任服务主要是解决在茫茫网海中如何确认"你是你、我是我、他是他"的问题,PKI 是在网络上建立信任体系最行之有效的技术。授权服务主要是解决在网络中"每个实体能干什么"的问题。要在虚拟的网络中模拟现实,就必须建立这样一个适合网络环境的有效授权体系,而通过 PKI 建立授权管理基础设施 PMI 是在网络上建立有效授权的最佳选择。

到目前为止,完善并正确实施的 PKI 系统是全面解决所有网络交易和通信安全问题的最佳途径。根据美国国家标准技术局的描述,在网络通信和网络交易中,特别是在电子政务和电子商务业务中,最需要的安全保障包括四个方面:身份标识和认证、保密或隐私、数据完整性和不可否认性。PKI 可以完全提供以上四个方面的保障,它所提供的服务主要包括以下三个方面:

(1) 认证

在现实生活中,认证采用的方式通常是两个人事前进行协商,确定一个秘密,然后,依据这个秘密进行相互认证。随着网络的扩大和用户的增加,事前协商秘密会变得非常复杂,特别是在电子政务中,经常会有新聘用和退休的情况。另外,在大规模的网络中,两两进行协商几乎是不可能的。透过一个密钥管理中心来协调也会有很大的困难,而且当网络规模巨大时,密钥管理中心甚至有可能成为网络通信的瓶颈。

PKI 通过证书进行认证,认证时对方知道你是你,但却无法知道你为什么是你。在这里,证书是一个可信的第三方证明,通过它,通信双方可以安全地进行互相认证,而不用担心对方是假冒的。

(2) 支持密钥管理

通过加密证书,通信双方可以协商一个秘密,而这个秘密可以作为通信加密的密钥。在需要通信时,可以在认证的基础上协商一个密钥。在大规模的网络中,特别是在电子政务中,密钥恢复也是密钥管理的一个重要方面,政府决不希望加密系统被犯罪分子窃取使用。当政府的个别职员背叛或利用加密系统进行反政府活动时,政府可以通过法定的手续解密其通信内容,保护政府的合法权益。PKI能够通过良好的密钥恢复能力,提供可信的、可管理的密钥恢复机制。PKI的普及应用能够保证在全社会范围内提供全面的密钥恢复与管理能力,保证网上活动的健康有序开展。

(3) 完整性与不可否认性

完整性与不可否认性是PKI提供的最基本的服务。一般来说,完整性也可以通过双方协商一个秘密来解决,但一方有意抵赖时,这种完整性就无法接受第三方的仲裁。而PKI提供的完整性是可以通过第三方仲裁的,并且这种可以由第三方进行仲裁的完整性是通信双方都不可否认的。例如,小张发送一个合约给老李,老李可以要求小张进行数字签名,签名后的合约不仅老李可以验证其完整性,其他人也可以验证该合约确实是小张签发的。而所有的人,包括老李,都没有模仿小张签署这个合约的能力。"不可否认性"就是通过这样的PKI数字签名机制来提供服务的。当法律许可时,该"不可否认性"可以作为法律依据。当被正确使用时,PKI的安全性应该高于目前使用的纸面图章系统。

完善的PKI系统通过非对称算法以及安全的应用设备,基本上解决了网络社会中的绝大部分安全问题(可用性除外)。

PKI系统具有这样的能力:它可以将一个无政府的网络社会改造成为一个有政府、有管理和可以追究责任的社会,从而杜绝黑客在网上肆无忌惮的攻击。在一个有限的局域网内,这种改造具有更好的效果。目前,许多网站、电子商务和安全E-mail系统等都已经采用了PKI技术。

2. PKI技术的意义

(1) 通过PKI可以构建一个可管、可控和安全的互联网络

众所周知,传统的互联网是一个无中心的、不可控的、没有QOS保证的、"尽力而为"(Best-effort)的网络。但是,由于互联网具有统一的网络层和传输层协议,适合全球互联,且线路利用率高,成本低,安装使用方便等,因此,它从诞生的那一天起,就显示出了强大的生命力,很快便遍布全球。

在传统的互联网中,为了解决安全接入的问题,人们采取了"口令字"等措施,但很容易被破解,难以对抗有组织的集团性攻击。近年来,伴随宽带互联网技术和大规模集成电路技术的飞速发展,公钥密码技术有了用武之地,加密和解密的开销已不再是其应用的障碍。因此,国际电信联盟(ITU)、国际标准化组织(ISO)、国

际电工委员会(IEC)、互联网任务工作组(IETF)等组织密切合作,制定了一系列有关 PKI 的技术标准,通过认证机制,建立证书服务系统,通过证书绑定每个网络实体的公钥,使网络的每个实体均可识别,从而有效地解决了网络上"你是谁"的问题,把宽带互联网在一定的安全域内变成了一个可控、可管、安全的网络。

(2) 通过 PKI 可以在互联网中构建一个完整的授权服务体系

PKI 通过对数字证书进行扩展,在公钥证书的基础上,给特定的网络实体签发属性证书,用以表征实体的角色和属性,从而解决了在大规模的网络应用中"你能干什么"的授权问题。这一特点对实施电子政务十分有利。因为电子政务从一定意义上讲,就是把现实的政务在网络中模拟。在传统的局域网中,虽然也可以按照不同的级别设置访问权限,但权限最高的往往不是这个部门的主要领导,而是网络的系统管理员,他什么都能看,什么都能改,这和现实中的政务是相左的,也是过去一些领导不敢用办公自动化系统的原因之一。而利用 PKI 可以方便地构建授权服务系统,在需要保守秘密时,可以利用私钥的惟一性,保证有权限的人才能做某件事,其他人包括网络系统管理员也不能做未经授权的事;在需要大家都知道时,有关的人都能用公钥去验证某项批示是否确实出自某位领导之手,从而保证真实可靠,确切无误。

(3) 通过 PKI 可以建设一个普适性好、安全性高的统一平台

PKI 遵循了一套完整的国际技术标准,可以对物理层、网络层和应用层进行系统的安全结构设计,构建统一的安全域。同时,它采用了基于扩展 XML 标准的元素级细粒度安全机制,换言之,就是可以在元素级实现签名和加密等功能,而不像传统的"门卫式"安全系统,只要进了门,就可以一览无余。而且,底层的安全中间件在保证为上层用户提供丰富的安全操作接口功能的同时,又能屏蔽掉安全机制中的一些具体的实现细节,因此,对防止非法用户的恶意攻击十分有利。此外,PKI 通过 Java 技术提供了可跨平台移植的应用系统代码,通过 XML 技术提供了可跨平台交换和移植的业务数据,在这样的一个 PKI 平台上,可以方便地建立一站式服务的软件中间平台,十分有利于多种应用系统的整合,从而大大地提高平台的普适性、安全性和可移植性。

11.4.3　PKI 的体系结构

1. 相关的标准

PKI 是一个庞大的体系,涉及到以下标准:

(1) X.509 信息技术开放系统互联:鉴别框架

X.509 是由国际电信联盟(ITU-T)制定的数字证书标准,最初版本公布于1988 年。X.509 证书由用户公共密钥和用户标识符组成,还包括版本号、证书序

列号、CA 标识符、签名算法标识、签发者名称、证书有效期等信息,它定义了包含扩展信息的数字证书。

X. 509 相继推出了一系列标准文档,形成了 X. 509 系列标准,主要对 PKI 在互联网上的安全应用作了详细规定,现在已成为 PKI 最重要的技术标准。基于X. 509 的 PKI 标准称为 PKIX。

(2) PKCS 系列标准

PKCS 是由 RSA 实验室制订的系列标准,是一套针对 PKI 体系的加解密、签名、密钥交换、分发格式及行为的标准,该标准的制订为 PKI 的研究和应用奠定了基础,后来产生的其它的 PKI 标准基本遵循 PKCS 的框架。

(3) LDAP　轻量级目录访问协议

LDAP 规范(RFC1487)基于 X. 500 目录访问协议,在功能性、数据表示、编码和传输方面都进行了相应的修改。1997 年,LDAP 第 3 版本成为互联网标准。目前,LDAP v3 已经在 PKI 体系中被广泛应用于证书信息发布、CRL 信息发布、CA 政策以及与信息发布相关的各个方面。

(4) OCSP 在线证书状态协议

OCSP(online certificate status protocol)是 IETF 颁布的用于检查数字证书在某一交易时刻是否仍然有效的标准。该标准为 PKI 用户提供了方便快捷的数字证书状态查询方式,使 PKI 体系能够更有效、更安全地在各个领域中被广泛应用。

除了以上协议外,在 PKI 体系中还涉及一些其它的规范,ASN. 1 描述了在网络上传输信息格式的标准语法,X. 500 被用来惟一标识一个实体(机构、组织、个人或一台服务器),是实现目录服务的最佳途径。

还有许多基于 PKI 体系的安全应用协议,包括 SET 协议、SSL 协议和 S/MIME 等。目前 PKI 体系中已经包含了众多的标准和标准协议,各种协议相互依存、相互补充,形成了一组庞大的协议体系。

2. PKI 的体系结构模块

在 RFC2459 文档中规定了 PKI 体系的结构框架和功能模块,图 11-9 显示了PKI 基本组件的逻辑模型。

一个标准的 PKI 应该具备以下的功能模块:

(1) 认证机构 CA(certificate authority)

CA 是 PKI 的核心执行机构,是 PKI 的主要组成部分,通常称它为认证中心。包括 CA 管理服务器、证书签发服务器、证书库备份管理、历史证书管理、证书目录服务、证书状态在线查询、时间戳服务系统、CA 审计系统、CA 交叉认证系统、WEB 服务器和 CA 安全管理系统。

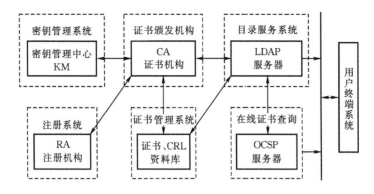

图 11-9 PKI基本组件逻辑模型

CA 的主要职责包括:

验证并标识证书申请者的身份。对证书申请者的身份信息、申请证书的目的等问题进行审查,确保与证书绑定的身份信息的正确性。

确保 CA 签名密钥的安全性。CA 的签名密钥具有较高的质量,一般由硬件产生,在使用中保证私钥不出密钥卡。

管理证书信息资料。管理证书序号和 CA 标识,确保证书主体标识的惟一性,防止证书主体名字的重复。在证书使用中首先要确定并检查证书的有效期,保证不使用过期或已作废的证书,确保网上交易的安全。发布和维护作废证书列表(CRL),因某种原因证书要作废,就必须将其作为"黑名单"发布在证书作废列表中,以供交易时在线查询,降低交易风险。对已签发证书使用的全过程进行监视跟踪,作全程日志记录,以备发生交易争端时,提供公证凭据,参与仲裁。

由此可见,CA 是保证电子商务、电子政务、网上银行和网上证券等交易的权威性、可信任性和公正性的第三方机构。图 11-10 是 CA 的信任模型。

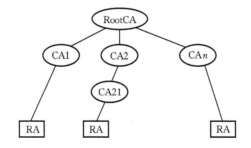

图 11-10 CA 的信任模型

（2）证书和证书库

证书是数字证书或电子证书的简称，它符合 X.509 标准，是网上实体身份的证明。证书是由具备权威性、可信任性和公正性的第三方机构签发的，因此，它是权威性的电子文档。

证书库是 CA 颁发证书和撤消证书的集中存放地，它像网上的"白页"一样，是网上的公共信息库，可供公众进行开放式查询。一般来说，查询的目的有两个：其一是想得到与之通信实体的公钥；其二是要验证通信对方的证书是否已进入"黑名单"。证书库支持分布式存放，即可以采用数据库镜像技术，将 CA 签发的证书中与本组织有关的证书和证书撤消列表存放到本地，以提高证书的查询效率，减少向总目录查询的次数。

（3）密钥备份及恢复

密钥备份及恢复是密钥管理的主要内容，用户由于某些原因将解密数据的密钥丢失，从而使已被加密的密文无法解开。为避免这种情况的发生，PKI 提供了密钥备份与密钥恢复机制：当用户证书生成时，加密密钥即被 CA 备份存储；当需要恢复时，用户只需向 CA 提出申请，CA 就会为用户自动进行恢复。

（4）密钥和证书的更新

一个证书的有效期是有限的，这种规定在理论上是基于当前非对称算法和密钥长度的可破译性分析；在实际应用中由于长期使用同一个密钥有被破译的危险，因此，为了保证安全，证书和密钥必须有一定的更换频度。为此，PKI 对已发的证书必须有一个更换措施，这个过程称为"密钥更新或证书更新"。

证书更新一般由 PKI 系统自动完成，不需要用户干预。即在用户使用证书的过程中，PKI 也会自动到目录服务器中检查证书的有效期，当有效期结束之前，PKI/CA 会自动启动更新程序，生成一个新证书来代替旧证书。

（5）证书历史档案

从以上密钥更新的过程，我们不难看出，经过一段时间后，每一个用户都会形成多个旧证书和至少一个当前新证书。这一系列旧证书和相应的私钥就组成了用户密钥和证书的历史档案。记录整个密钥历史是非常重要的。例如，某用户几年前用自己的公钥加密的数据或者其他人用自己的公钥加密的数据无法用现在的私钥解密，那么该用户就必须从他的密钥历史档案中，查找到几年前的私钥来解密数据。

（6）客户端软件

为方便客户操作，解决 PKI 的应用问题，在客户端装有客户端软件，以实现数字签名、加密传输数据等功能。此外，客户端软件还负责在认证过程中，查询证书和相关证书的撤消信息以及进行证书路径处理、对特定文档提供时间戳等。

（7）交叉认证

交叉认证就是多个 PKI 域之间实现互操作。交叉认证实现的方法有多种：一种方法是桥接 CA，即用一个第三方 CA 作为桥，将多个 CA 连接起来，成为一个可信任的统一体；另一种方法是多个 CA 的根 CA(RCA)互相签发根证书，这样当不同 PKI 域中的终端用户沿着不同的认证链检验认证到根时，就能达到互相信任的目的。

11.4.4　PKI 的应用与发展

1. PKI 的应用

（1）虚拟专用网络(VPN)

通常，企业在架构 VPN 时都会利用防火墙和访问控制技术来提高 VPN 的安全性，这只解决了很少一部分问题，而一个现代 VPN 所需要的安全保障，如认证、机密、完整、不可否认以及易用性等都需要采用更完善的安全技术。就技术而言，除了基于防火墙的 VPN 之外，还可以有其他的结构方式，如基于黑盒的 VPN、基于路由器的 VPN、基于远程访问的 VPN 和基于软件的 VPN。现实中构造的 VPN 往往并不局限于一种单一的结构，而是趋向于采用混合结构方式，以达到最适合具体环境的理想效果。在实现上，VPN 的基本思想是采用秘密通信通道，用加密的方法来实现。具体协议一般有三种：PPTP、L2TP 和 IPSec。

其中，PPTP(point-to-point tunneling protocol)是点对点的协议，基于拨号使用的 PPP 协议使用 PAP 或 CHAP 之类的加密算法，或者使用 Microsoft 的点对点加密算法。而 L2TP(layer 2 tunneling protocol)是 L2FP(Layer 2 Forwarding Protocol)和 PPTP 的结合，依赖 PPP 协议建立拨号连接，加密的方法也类似于 PPTP，但这是一个两层的协议，可以支持非 IP 协议数据包的传输，如 ATM 或 X.25，因此也可以说 L2TP 是 PPTP 在实际应用环境中的推广。

无论是 PPTP，还是 L2TP，它们对现代安全需求的支持都不够完善，应用范围也不够广泛。事实上，缺乏 PKI 技术所支持的数字证书，VPN 也就缺少了最重要的安全特性。简单地说，数字证书可以被认为是用户的护照，使得他(她)有权使用 VPN，证书还为用户的活动提供了审计机制。缺乏数字证书的 VPN 对认证、完整性和不可认性的支持相对而言要差很多。

基于 PKI 技术的 IPSec 协议现在已经成为架构 VPN 的基础，它可以为路由器之间、防火墙之间或者路由器和防火墙之间提供经过加密和认证的通信。虽然它的实现会复杂一些，但其安全性比其他协议都完善得多。由于 IPSec 是 IP 层上的协议，因此很容易在全世界范围内形成一种规范，具有非常好的通用性，而且 IPSec 本身就支持面向未来的协议——IPv6。总之，IPSec 还是一个发展中的协议,随着成熟的公钥密码技术越来越多地运用到 IPSec 中,相信在未来几年内,该协议会在 VPN 世界里扮演越来越重要的角色。

（2）安全电子邮件

作为 Internet 上最有效的应用,电子邮件凭借其易用、低成本和高效等优点已经成为现代商业中的一种标准信息交换工具。随着 Internet 的持续增长,商业机构或政府机构都开始用电子邮件交换一些秘密的或是有商业价值的信息,这就引出了一些安全方面的问题,包括:

- 消息和附件可以在不为通信双方所知的情况下被读取、篡改或删除;
- 没有办法可以确定一封电子邮件是否真的来自某人,也就是说,发信者的身份可能被人伪造。

前一个问题是安全,后一个问题是信任。正是由于安全和信任的缺乏使得公司、机构一般都不用电子邮件交换关键的商务信息,虽然电子邮件本身有着如此之多的优点。

其实,电子邮件的安全需求也是机密、完整、认证和不可否认,而这些都可以利用 PKI 技术来获得。具体来说,利用数字证书和私钥,用户可以对他所发的邮件进行数字签名,这样就可以获得认证、完整性和不可否认性,如果证书是由其所属公司或某一可信第三方颁发的,收到邮件的人就可以信任该邮件的来源,无论他是否认识发邮件的人;另一方面,在政策和法律允许的情况下,用加密的方法就可以保障信息的保密性。

目前发展很快的安全电子邮件协议是 S/MIME（the secure multipurpose internetMail extension）,这是一个允许发送加密和有签名邮件的协议。该协议的实现需要依赖于 PKI 技术。

（3）Web 安全

浏览 Web 页面或许是人们最常用的访问 Internet 的方式。一般的浏览也许并不会让人产生不妥的感觉,可是当您填写表单数据时,您有没有意识到您的私人敏感信息可能被一些居心叵测的人截获,而如果您或您的公司要通过 Web 进行一些商业交易,您又如何保证交易的安全呢?

一般来讲,Web 上的交易可能带来的安全问题有:

- 诈骗 建立网站是一件很容易的事,有人甚至直接拷贝别人的页面。因此伪装一个商业机构非常简单,然后它就可以让访问者填一份详细的注册资料,还假装保护个人隐私,而实际上就是为了获得访问者的隐私。调查显示,邮件地址和信用卡号的泄漏大多是如此这般。
- 泄漏 当交易的信息在网上"赤裸裸"的传播时,窃听者可以很容易地截取并提取其中的敏感信息。

- 篡改　截取了信息的人还可以做一些更"高明"的工作,他可以替换其中某些域的值,如姓名、信用卡号其至金额,以达到自己的目的。
- 攻击　主要是对 Web 服务器的攻击,例如著名的 DDOS(分布式拒绝服务攻击)。攻击的发起者可以是心怀恶意的个人,也可以是同行的竞争者。

为了透明地解决 Web 的安全问题,最合适的入手点是浏览器。现在,无论是 Internet Explorer 还是 Netscape Navigator,都支持 SSL 协议(the secure sockets layer)。这是一个在传输层和应用层之间的安全通信层,在两个实体进行通信之前,先要建立 SSL 连接,以此实现对应用层透明的安全通信。利用 PKI 技术,SSL 协议允许在浏览器和服务器之间进行加密通信。此外还可以利用数字证书保证通信安全,服务器端和浏览器端分别由可信的第三方颁发数字证书,这样在交易时,双方可以通过数字证书确认对方的身份。需要注意的是,SSL 协议本身并不能提供对不可否认性的支持,这部分的工作必须由数字证书完成。

结合 SSL 协议和数字证书,PKI 技术可以保证 Web 交易多方面的安全需求,使 Web 上的交易和面对面的交易一样安全。

(4) 电子商务的应用

PKI 技术是解决电子商务安全问题的关键,综合 PKI 的各种应用,我们可以建立一个可信任和足够安全的网络。在这里,我们有可信的认证中心,典型的如银行、政府或其他第三方。在通信中,利用数字证书可消除匿名带来的风险,利用加密技术可消除开放网络带来的风险,这样,商业交易就可以安全可靠地在网上进行。

网上商业行为只是 PKI 技术目前比较热门的一种应用,必须看到,PKI 还是一门处于发展中的技术。例如,除了对身份认证的需求外,现在又提出了对交易时间戳的认证需求。PKI 的应用前景也决不仅限于网上的商业行为,事实上,网络生活中的方方面面都有 PKI 的应用天地,不只在有线网络,甚至在无线通信中,PKI 技术都已经得到了广泛的应用。

2. PKI 的发展

随着 PKI 技术应用的不断深入,PKI 技术本身也在不断发展与变化,近年来比较重要的变化有以下方面:

(1) 属性证书

X.509 v4 增加了属性证书的概念。提起属性证书就不能不提起授权管理基础设施(PMI,privilege management infrastructure)。PMI 授权技术的核心思想是以资源管理为核心,将对资源的访问控制权统一交由授权机构进行管理,即由资源的所有者来进行访问控制管理。

在 PKI 信任技术中,授权证书非常适合于细粒度的、基于角色的访问控制领域。X.509 公钥证书原始的含义非常简单,即为某个人的身份提供不可更改的证据。但是,人们很快发现,在许多应用领域,比如电子政务、电子商务应用中,需要的信息远不止是身份信息,尤其是当交易的双方在以前彼此没有过任何关系的时候,在这种情况下,关于一个人的权限或者属性信息远比其身份信息更为重要。为了使附加信息能够保存在证书中,X.509 v4 中引入了公钥证书扩展项,这种证书扩展项可以保存任何类型的附加数据。随后,各个证书系统纷纷引入自己的专有证书扩展项,以满足各自应用的需求。

(2) 漫游证书

证书应用的普及自然产生了证书的便携性需求,而到目前为止,能提供证书和其对应私钥移动性的实际解决方案只有两种:第一种是智能卡技术。在该技术中,公钥/私钥对存放在卡上,但这种方法存在缺陷,如易丢失和损坏,并且依赖读卡器(虽然带 USB 接口的智能钥匙不依赖读卡器,但成本太高);第二种选择是将证书和私钥复制到一张软盘备用,但软盘不仅容易丢失和损坏,而且安全性也较差。

一个新的解决方案就是使用漫游证书,它通过第三方软件提供,只需在系统中正确地配置,该软件(或者插件)就可以允许用户访问自己的公钥/私钥对。它的基本原理很简单,即将用户的证书和私钥放在一个安全的中央服务器上,当用户登录到一个本地系统时,从服务器安全地检索出公钥/私钥对,并将其放在本地系统的内存中以备后用,当用户完成工作并从本地系统注销后,该软件自动删除存放在本地系统中的用户证书和私钥。

(3) 无线 PKI(WPKI)

随着无线通信技术的广泛应用,无线通信领域的安全问题也引起了广泛的重视。将 PKI 技术直接应用于无线通信领域存在两方面的问题:其一是无线终端的资源有限(运算能力、存储能力、电源等);其二是通信模式不同。为适应这些需求,目前已公布了 WPKI 草案,其内容涉及 WPKI 的运作方式、WPKI 如何与现行的 PKI 服务相结合等。

WPKI 中定义了三种不同的通信安全模式,在证书编码方面,WPKI 证书格式想尽量减少常规证书所需的存储量。采用的机制有两种:其一是重新定义一种证书格式,以此减少 X.509 证书尺寸;其二是采用 ECC 算法,减少证书的尺寸,因为 ECC 密钥的长度比其他算法的密钥要短得多。WPKI 也在 IETF PKIX 证书中限制了一个数据区的尺寸。由于 WPKI 证书是 PKIX 证书的一个分支,还要考虑与标准 PKI 之间的互通性。

总之,对 WPKI 技术的研究与应用正处于探索之中,它代表了 PKI 技术发展的一个重要趋势。

习　题

1. SSL 包含哪些协议?

2. SSL 连接和 SSL 会话的区别是什么?

3. 列举并简单定义 SSL 会话状态的参数。

4. SSL 记录协议提供哪些服务?

5. 考虑以下 Web 安全威胁,并描述 SSL 如何防止这些威胁。

　　(1) 穷举攻击:穷举传统加密算法的密钥空间。

　　(2) 已知明文字典攻击:许多消息中包含的是可以预测的明文,如 HTTP
中的 GET 命令。攻击者构造一个包含各种可能的已知明文加密字典,截
获加密消息,攻击者可以将包含已知明文的加密部分和字典中的密文进行
比较,如果多次匹配成功,可以得到正确的密码,此攻击对于尺寸较小的密
钥空间非常有效(如密钥长度为 40 bit)。

　　(3) 重放攻击:重放先前的 SSL 握手消息。

　　(4) 中间人攻击:在密钥交换时,攻击者向服务器假扮客户端,向客户端假
扮服务器。

　　(5) 密码窃听:HTTP 或其他应用流量的密码被窃听。

　　(6) IP 欺诈:使用伪造的 IP 地址使主机接收伪造的数据。

　　(7) IP 劫持:中断两个主机间活动的、经过认证的连接,攻击并代替一方的
主机进行通信。

　　(8) SYN 泛滥:攻击者发送 TCP SYN 消息来请求连接,但不回答建立连
接的最后一条消息。被攻击的 TCP 模块通常将预留几分钟的"半开连
接",重复的 SYN 消息可以阻塞 TCP 模块。

6. SET 交易中要使用哪些证书?

7. 什么是分层信任模型,它有何种优点?

8. IPSec 提供哪些服务?

9. 指出传输模式与隧道模式的区别?

10. 封装安全载荷有什么作用?

11. 什么是公钥基础设施 PKI,简述它的特点与作用。

12. 简述 PKI 的体系结构及其体系结构模块。

13. PKI 可以完全提供身份标识和认证、保密或隐私、数据完整性和不可否认
性四个方面的保障,它所提供的服务主要包括哪些方面,各代表什么含义?

参考文献

1 Diffie W，Hellman M E，New Directions in Cryptography，IEEE Trans. on Information Theory，1976，IT-22(6)，644-654.

2 Menezes A J，Van Oorschot PC，Vanstone SA Handbook of Applied Cryptography. CRC Press，1997.

3 Neal Koblitz. A Course in Numbertheory and Cryptography. Graduate Texts in Mathematics 114，Springer-Verlag，1987.

4 Stinson D R. Cryptography-Theory and Practice. CRC Press，1995.

5 Thomas W Hungerford，Algebra. Graduate Texts in Mathematics. Springer-Verlag，1974.

6 ［美］A Nash，W Duane 等著. 公钥基础设施(PKI)实现和管理电子安全. 张玉清，陈建奇等译. 北京：清华大学出版社，2002.

7 ［芬］Arto Salomaa 著. 公钥密码学. 丁存生，单炜娟译. 北京：国防工业出版社，1998.

8 ［比］Joan Daemen，Vincent Rijmen 著. 高级加密标准(AES)算法——Rijndael 的设计. 谷大武，徐胜波译. 北京：清华大学出版社，2003.

9 ［法］Simon J. AGOU 著. 有限域. 肖国镇，周炜等译. 郑州：河南科学技术出版社，1996.

10 ［美］Willian Stalling 著. 密码编码学与网络安全——原理与实践. 刘玉珍，王丽娜等译. 北京：电子工业出版社，2004.

11 丁存生，肖国镇. 流密码学及其应用. 北京：国防工业出版社，1994.

12 卢开澄. 计算机密码学. 北京：清华大学出版社，1998.

13 潘承洞，潘承彪. 初等数论. 北京：北京大学出版社，1992.

14 王育民，刘建伟. 通信网的安全——理论与技术. 西安：西安电子科技大学出版社，1999.